여성 공학자로 산다는 것

She

여성 공학자로 산다는 것

스테파니 슬로컴 지음 | 한귀영 옮김

Engineers

성균관대학교
출판부

contents

들어가는 말

2016년 건축공학 설계 프로젝트 시상식에 참석했을 때 일이다. 넓은 시상식장에서 음료를 마시려고 지나가다 한 남자와 우연히 마주쳐 일과 관련된 대화를 나누었다. 우리는 우수 디자인상을 받은 프로젝트에 대해서 잠시 이야기를 나눈 후에 서로 명함을 교환했다. 그는 내 명함을 보더니 이렇게 말했다.

"나는 당신이 엔지니어인 줄 몰랐습니다."

10년 전, 내가 동네 초등학교의 확장 공사에 대한 구조 공학 설계를 마친 때가 섬광처럼 떠올랐다. 구조 공학 설계를 했기에 나는 주기적으로 공사 현장을 방문했다. 이 프로젝트는 내가 혼자 책임을 지는 프로젝트였고, 현장을 방문하는 첫 경험이었다.

나는 안전모를 쓰고, 금속 보호대가 있는 안전화를 신고, 안전 안경을 쓰고, 현장의 트레일러에 도착했다. 나는 현장 건설책임자에게 나를 소개했다. 우리가 현장으로 걸어갈 때, 그 책임자는 나에게 다음과 같이 말했다. "당신의 아버지나 오빠가 설계회사 사장이라서 당신이 엔지니어가 된 게 틀림없지요? 이 바닥에서 여성 엔지니어는 찾아보기 힘드니까요.”

당연히 가족 중에 그 회사와 연관이 있는 사람이 없었다. 그의 말에 너무 놀라서 나는 무어라 말할지 몰랐다. 씩 한번 웃고는 그런 가정은 하지 말라고 말했다.

나는 여성 엔지니어이다. 나는 내 일을 사랑한다. 나는 내가 택한 건축공학의 영역에서 벌어지는 일이 내 삶에 얼마나 많은 영향을 주는지 알고 있기에 이 일을 사랑한다. 나는 소위 건물의 '뼈대'가 되는 구조 공학을 설계한다. 이것은 건물이 태풍이나, 지진, 또는 돌풍에도 안전하게끔 우리 안전을 도모하는 일이다. 지금껏 해온 프로젝트는 에너지 절감 기술이나 지속 가능한 건물 설계로, 세상을 좀 더 개선하는데 기여해 왔다. 나는 사람들에게 도움이 되는 병원, 학교, 연구실, 대학 건물을 설계하는 프로젝트에 참여하는 기쁨을 누렸다.

하지만, 동시에 현재 벌어지고 있는 공학에서 여성의 위상에 대하여 너무 화가 나고 좌절감을 느낀다. 자신이 사랑하는 일을 하는 데 있어서 동등한 대우를 받지 못한다면, 그곳은 함께 있기 힘들 것이다.

나는 대부분 남자들이 저지르는 여성에 대한 혐오스러운 행동에 대한 신문방송의 소식에 화가 난다. 인터넷 검색을 보니, '여성에 대한 성적 희롱'에 대한 결과는 3,570,000건이었다. 최근《뉴욕 타임스》머리글 기사는 "기술직 영역에서 일하는 여성들이 직장 내 성희롱 문화에 대해 솔직히 말하다"였다. CNN 머리글 기사는 "기술직 직장 여성의 성희롱: 자신의 성희롱 경험을 이야기하다"였다. 아울러 "기술직 영역에서 여성의 성희롱이 존재하고, 78퍼센트의 여성은 그것은 잘못된 것이라고 생각했다"라는 언론 보도 또한 있었다.

이와 반대로 나는 또한 만일 당신이 10명의 여성 공학자들에게 성에 대한 편견이 자신의 경력에서 문제가 됐는지 물어본다면, 실리콘밸리에서 일하는 여성 공학자는 제외하고, 일반적으로 컴퓨터와 관련되지 않은 공학 일에 종사하는, 아마 열에 여덟, 아홉은 다소 애매하게 그리고 정치적 올바름(차별적인 언어나 행동을 피하는 일 – 역주)의 입장에서 다음과 같이 답할 것이다. "나는 최고의 공학자가 되려고 일하고 있어요. 성은 큰 문제는 안 돼요." 이런 답변 또한 나를 좌절시킨다.

오직 여성 공학자만 있는 방에서 똑같은 질문을 해 보라. 아마 다른 답이 나올 것이다. 비록 성적 희롱의 경험은 없지만, 자신이 홀로 있다는 느낌, 그리고 남자 공학자는 중요한 공학적 일을 하는 데 반해 자신은 서류를 정리하는 것처럼 전문적이지 않는 일을 하고 있다는 느낌에서 오는 좌절감으로 고통스러워 하고 있을 것이다. 그녀들은 비공식 모임에서도 소외되고 있다고 느끼는데, 이에 반하여 남자 공학자는 이런 비공식 모임을 통하여 자신의 경력을 단단히 쌓고 있다. 그래서 여성 공학자들은 좌절하고 또 피로하다. 그녀들은 남자 공학자들보다 두 배 정도 열심히 일을 해야 회사에서 중요한 사람 취급을 받는다고 느낀다.

이런 경우 여성 공학자는 어떻게 처신을 할까? 몇몇 사람은 다른 영역으로 이직을 한다. 하지만 당신이 나와 같은 사람이라면, 우리의 DNA에 좌절은 없다. 당신은 인정받기 위해 더욱 열심히 일을 할 것이다. 당신은 고개를 숙이고 오로지 일만 할 뿐만 아니라 동료 남자 공학자들과 잘 지내려고 노력한다. 이제 당신은 점점 철면피가 되고, 성차별주의자들의 낯뜨거운 농담을 가볍게 웃어넘긴다.

몇 년 후, 내가 그랬던 것처럼, 당신이 과거를 돌이켜보면, 그렇게 힘들게 했던 일과 노력이 남녀 차별을 줄이는 데 큰 도움이 되지 않았다는 점을 깨닫게 될 것이다. 내가 그랬다. 나는 남자처럼 행동하고, 더 열심히 일하고, 남들 하는 것은 다 하고, 성공을 위해 필요한 기술적 지식을 모두 갖추면 되는 줄 알았다. 하지만, 이런 모든 것을 따라 하는 데 힘겨웠고, 좌절을 느꼈다. 열심히 일하는 것이 내 경력을 나아지게 하지는 못했다. 그래서 나는 직장 내의 성적 편견이 좌절의 원인인가 의심했고, 성적 편견만이 문제의 유일한 원인은 아니라는 불편한 감정을 가지게 되었다.

어떻게 해야 나의 경력이 바람직하게 발전할지 확신이 없는 상태에서, 나는 좌절했을 때 사용해왔던 방법을 사용했다. 나는 연구에 몰두하고, 독서에 집중하고, 동료 여성 공학자와 수다를 떨고, 다른 연관 산업을 공부하고, 새로운 기술을 테스트하고, 시행착오를 통한 학습에 매진했다. 이런 여정은 완전히 끝나지 않았지만, 이런 과정에서 나는 여성 공학자로 성공하는 열쇠를 발견했다. 그 성공의 열쇠들이란, 성적 편견을 무력화하고, 비판자들을 침묵하게 만들고, 급여를 높게 받을 수 있게 하고, 직장 밖에서 자신의 삶을 갖도록 한다.

나는 이런 성공의 열쇠를 당신에게 줌으로써 당신이 공학의 일터에서 성공적인 경력을 쌓게 할 것이다. 당신의 성공은 '여자임에도 불구하고' 성공해야 하는 것이 아니라, '여자라서' 성공하는 것이다. 더욱 중요한 것은, 성공의 열쇠들은 당신이 만나는 다른 사람들의 관점에서가 아니라, 바로 당신 자신만의 독특한 경력과 인생의 목표를 발전시키는 데 도움을 주는 지식과 자원이다.

이 책은 바로 당신에게 이런 성공의 열쇠를 주려고 쓴 책이다.

이 책에서 서술하는 성공의 열쇠들에 관한 연구와 응용 방법은, 당신이 보다 많은 연봉을 받게 하고, 승진을 빠르게 하고, 일에서의 만족을 가져올 것이다. 이제 당신은 말 그대로 '리더'가 될 것이다. 당신은 다른 여성 공학자의 롤 모델이 될 것이다. 당신은 영향력 있는 사람이 될 것이다. 당신은 자신의 전공 영역에서 결정력 있는 힘을 가지게 될 것이다. 당신은 이런 일들을 가정을 소홀히 하지 않으면서도 남자들과 잘 어울려 할 수 있다.

다른 선택은 왜 나는 노력만큼 성공하지 못하는지 그 이유를 알아보려고 하면서, 내가 그랬던 것처럼, 좌절감으로 몇 년을 허송세월하는 것이다.

나는 성공의 열쇠는 잘 작동한다는 것을 안다. 왜냐하면 내가 이것으로 살아왔기 때문이다. 나는 미국 남부와 북동부 지방의 대형 건설업체와 중소 건설업체의 설계공학 컨설턴트로 15년간 일해온 여성 구조 공학 공학자이다. 나는 지금까지 총 5,000억 정도의 건설 프로젝트를 관리해왔다. 나의 급여는 내가 일을 시작할 때보다 두 배 이상 뛰었고, 현재 직장에서도 두 번이나 승진을 했고, 작년에만 연봉이 12퍼센트 올랐다. 나는 미국 구조 공학 위원회의 의장이고, 이 위원회의 최연소이자 최초의 여성 공학자이다.

일과 동시에 가정을 꾸렸다. 나는 9살, 6살, 3살 세 자매의 엄마이고, 현재 이 책을 쓰고 있다. 나는 짧은 출산 휴가를 마치고 바로 일에 복귀했다. 남편 또한 일을 하고 있고, 우리는 유모나 가사도우미를 고용하지 않았다. 우리 집 자동차는 낡은 토요타이다. 우리 집은 압류된

집을 수리해서 사용하고 있다. 나는 도시 생활을 즐겼지만, 좀 더 여유 있는 삶을 보내기 위해서 작은 대학 도시로 이사했다. 당신이 겪는 매일매일의 힘겨운 일과 경험을 나도 마찬가지로 겪고 있다. 나는 당신이 이 모든 것을 이해하고, 당신이 선택한 공학적 직업에서 만족한 삶을 살고, 아울러 가정 또한 잘 꾸리면서 살아갈 수 있다고 생각한다.

이런 것들이 이 책을 집필하는 데 영감을 주었다.

2016년에 나는 두 개의 학회에 참석했다. 하나는 기술적 주제를 다루고, 다른 하나는 리더십에 관한 학회였다. 두 개의 학회에 참석하면서 나는 "여성 공학자들이 진정 되고자 하는 것은 무엇일까"라는 주제에 관하여 토론을 가졌다. 대다수의 여성들은 철면피가 되고, 성차별주의자의 언급에 신경 쓰지 않는 방법을 배우고, 마치 남자 공학자처럼 행동하려고 노력한다는 이야기를 했다. 어떤 그룹에서 아이를 가진 여성 공학자는 나 혼자인 경우도 종종 있었다. 심지어 자녀가 셋이나 있다. 종종 우리 아이들이 일터에 찾아오면 내가 놀라면서 맞이하는 경우가 있는데, 이럴 때 주위 여성들은 어떻게 아이를 셋이나 키우면서 공학자로 일하는 게 가능한지 물었다. 내 큰딸은 이제 9살이고, 그 아이는 공학에 관심을 보이고 있다. 그 아이는 내가 컴퓨터에서 사용하는 3차원 공학 해석 모델이 멋있다고 생각하고 엄마를 아주 자랑스럽게 여긴다. 또 학교에서 구글 검색을 통해서 친구들에게 엄마를 자랑했다. 만일 내 아이가 나이가 들어서 공학을 직업으로 선택하면, 나는 내 딸은 물론 공학을 전공하는 세상의 모든 여성들에게 이 책을 주고 싶다. 그래서 그 아이가 여성 공학자로 자신의 경력을 쌓아가는 데 올바른 방향을 잘 인도하고 싶다. 나는 내 아이가 잘못된 것을 하는 데 애쓰면서 몇 년을 낭비하고, 일에 대한 정당한 보답을 받지 못하는 것을 바라지 않는다.

나는 당신을 우리 가족으로 초대하는 것이다. 나는 내 딸들이 공학을 직업으로 갖는 데 있어서 준비해야 하는 과정에서 해주고 싶은 충고와 자원과 이야기를 독자들과 나누고 싶다. 나는 내가 집에서 자주 쓰는 표현인 "둘러서 말하지 마" 그리고 "있는 그대로 이야기해"를 독자들에게도 똑같이 사용할 것이다. 이제부터 하는 이야기는 내 경험과 연구에서 나온 진실이고, 하나의 틀로 정리되었기에 여러분은 이를 즉각 적용할 수 있다.

공학을 직업으로 생각하고 있나? 만일 당신이 고도의 기술적이며 남성들이 주도하는 영역에 열정적으로 뛰어들 준비를 한다면, 이 책은 당신에게 도움을 줄 것이다. 이 책은 직설적인 언급을 다루고 있으며, 이는 내가 전공을 선택할 때 다른 사람에게 들었으면 하고 바라던 내용이다. 이런 다양한 활동과 선택을 통하여 당신은 일을 시작하면서 바로 자신의 경력을 잘 쌓아가게 될 것이다.

신입 공학자이거나 경력이 일천한 상황에서, 현재 일에 답답해하고 좌절감에 빠져 있나? 이 책은 현재 정체된 상황에서 탈출하도록 돕고, 여성 공학자에 잘 어울리는 맞춤 도구들을 제공할 것이다. 남성 공학자들에게 제공된 경력 쌓기 충고는 여성 공학자들에게는 같은 방식으로 적용되지는 않는다. 이 책을 통해서 그런 함정에서 탈출하라.

열심히 일하고 있는데도 소속감을 느끼지 못하는가? 나 또한 그랬었다. 이 책이 판에 박힌 당신의 생활을 새롭게 할 것이다.

현재 당신이 어린아이가 있거나 또는 가까운 미래에 가정을 꾸리고자 하는가? 이 책의 8장이 도움이 될 것이다. 우리는 이 책에서 남성이 주도하는 작업 환경에서 불러일으킨 불편한 주제들을 다룰 것이다. 출산 휴가, 유축기, 그리고 당신이 아이를 기르고 있을 때 결정적인 중요성을 가지는 지원시스템이다.

당신은 정신적 조언자나 여성 공학 관리자와 일하고 싶은가? 이 책은 여성 공학자들과 효과적으로 일하고 좀 더 강력한 팀을 이루는 데 도움이 되는 가치 있는 통찰력을 줄 것이다. 남녀가 반반씩 구성된 팀이 단일 성으로 이루어진 팀보다 이익을 41퍼센트나 증가시킨다는 연구 결과가 있다.

슬프게도, 많은 여성 공학자가 좌절하고, 분노하면서 공학계를 떠난다. 공학 전공자의 20퍼센트는 여성인데, 그녀들의 40퍼센트는 중도에 포기하거나 아예 공학 일을 하지 않는다. 더욱 나쁜 것은, 4명 중 1명은 나이가 30세가 되기 전이다. 남자의 경우에는 10명 중 1명이 떠난다.

나는 우리 딸들이 이런 통계에 속하는 한 명이 되길 원치 않는다. 당신 또한 그 한 명이 되지 않기를 바란다.

당신도 이 책을 읽고 그 한 명이 되는 것을 피하라. 좌절한 여성 공동체의 일원이 되는 것을 피하라. 자신이 노력한 만큼 대가를 받지 못하면서 시간을 낭비하지 마라. 모든 것은 이 책에 있다. 이제 당신이 할 일은 이 책을 읽고, 내가 힘겹게 배운 교훈에서 성공의 길을 찾는 것이다.

당신이 진정 바랐던 바로 그 여성 공학자가 되라. 도전에 직면했을 때 자신의 정체성을 유지하고, 어떤 압력에서도 품위를 잃지 않고, 남을 리드하는 자신의 능력으로 다른 공학자와 경쟁하는 그런 공학자가 되라. 당신의 아이들, 조카들이 우러러볼 수 있는 그런 롤 모델이 되라. 당신의 인생 경로를 그려 보라.

이 책의 활용법

당신은 자신의 인생 경로에 대한 도표를 작성하는 데 있어 이 책을 어떻게 이용할 것인가? 각 장에서는 성공에 필요한 핵심적인 기술들을 다룰 것이다. 각 핵심적 기술들은 현재 연구 결과, 통계, 그리고 이 기술을 어떻게 사용하는지에 대한 예를 제시할 것이다. 각 장은 '더 고민하기'란 항목으로 결론을 낼 것이며, 당신의 꿈을 위한 힘찬 출발과 핵심적인 기술에 적용할 수 있게끔 즉각적으로 취할 수 있는 세 가지 특정한 행동을 제시할 것이다. 대부분의 행동은 대략 30분 정도에 완결되도록 하였다.

당신은 당장 자신에게 필요하다고 느끼는 장을 선택하여 읽을 수도 있지만, 최상의 이득을 얻기 위해서 처음부터 순서대로 읽기를 바란다.

1장은 자신의 강점을 발견하고, 이것을 리더의 마음가짐과 전략으로 발전하도록 하는 법을 가르친다. 당신은 당신에게 어울리는 성공이 어떤 것인지 상상하고, 남성이 주도하는 직장에서 여성으로서 성공하는 법에 대한 비밀을 배울 것이다.

2장에서는 당신은 어떻게 공학 전문가가 되는지 배울 것이며,

1장에서 언급한 성공의 지렛대를 가지게 될 것이다.

3, 4장에서는 다른 사람과 소통의 기술을 통하여 당신의 공학적 전문 지식을 증명하는 방법을 배울 것이다. 소통 기술이 공학 성공에서 매우 결정적인 요소라는 것을 배울 것이며, 어떻게 이런 기술을 발전시키는지, 또 이를 통하여 승진을 하고, 급여를 높이고, 가장 훌륭한 공학 프로젝트에 참여하는 기술을 배울 것이다.

5장에서는 당신이 중대한 이해관계가 걸린 상황에서 한 단계 높은 수준으로 발전하기 위해 앞에서 배운 기술을 적용하는 법을 배울 것이다. 당신은, 비록 자신이 내성적인 사람일지라도, 어떻게 인맥을 쌓는지 배울 것이다. 당신은 여성으로서 어떻게 긍정적인 방식으로 자신을 두드러지게 하는지 배울 것이며, 그로 인하여 직장에서 자기 자신의 모습을 유지할 것이다.

6장은 자신이 찾고 있는 꿈의 직장에 관한 이야기다. 이것은 기존의 헤드헌터의 표준적인 조언과는 딴판일 것이다. 당신에게 어떻게 하면 가장 완벽한 공학적 일자리를 찾는지 알려줄 것이다. 또한 직장에서 일의 만족감을 최대로 얻는 방법을 배울 것이며, 왜 단지 열심히 일하는 것이 잘 통하지 않는지도 알게 될 것이다.

7장에서는 공학 일터에서 여성과 성 편견에 대한 사실과 신화에 대해 배울 것이다. 당신은 성에 관련한 곤경에서 어떻게 빠져 나오는지를 배울 것이며, 일터에서 배척당하지 않으면서 편견을 무력화시키는 방법을 배울 것이다. 당신은 성공적인 경력을 쌓는 데 가장 결정적인 한 가지를 배울 것이다.

8장에서 여성 공학자로서 일 이외의 생활을 어떻게 할 것인지 배울 것이다. 혹시 당신이 지금 아이가 있거나 앞으로 가질 계획이 있다면, 내가 가정과 일을 병행하는 데 사용했던 방법들을 배울 것이다. 또한 임신한 상태에서 남자와 함께 있는 사무실에서 어떻게 행동하는지도 알려줄 것이다. 또한 성차별에 따른 급여 차이를 어떻게 최소화하는지도 알려줄 것이다.

이 책은 당신이 어떻게 해야 가장 성공적인 여성 공학자가 되는지 가르쳐준다. 하지만 읽고, 연구하고, 당신이 배운 것을 적용하여야 한다. 이것은 당신의 천부적 재능을 영향력 있고, 좋은 대우를 받는 공학적 경력을 쌓아가는 일에 사용하는 데 큰 도움이 될 것이다. 이 책은 또한 어떻게 편견을 극복하고, 직장 내에서의 쑥덕거림을 차단하고, 당신이 꿈꾸는 경력을 창조하는지 알려 줄 것이다.

당신의 공학적 경력을 즐기고 당신의 삶을 변화시킬 준비가 되었는가? 자, 이제 시작하자!

남성 독자들에게

많은 남성 공학자들 또한 여성 공학자들만큼 성희롱과 성적 편견에 대해 질리게 들어왔다. 그들 대부분 공학자인 아내와 딸이 있고, 여성 공학자들이 성공하도록 개인적으로 투자를 많이 하고 있다. 이런 남자들은 똑똑하고, 자신감 넘치고, 성공적인 여성 공학자의 성장을 축하한다. 나는 이러한 사실을 아주 잘 알고 있다. 왜냐하면 내가 바로 그런 남자와 결혼했기 때문이다.

비록 이 책은 여성 공학자를 위한 것으로 여성 공학자가 썼지만,

남자 공학자 또한 이 책에서 자식의 경력에 도움이 될 많은 유용한 도구들을 발견할 것이다. 이 책은 남성들을 비난하기 위해 쓴 책이 아니다. 오히려 그 반대다. 당신이 이 책을 집어 들었다면, 당신은 자신과 다른 성의 관점에서 바라보는 것에서 많은 이득을 얻을 것이다. 당신은 다양한 구성원으로 이루어진 팀이 보다 혁신적이며 생산성이 높다는 것을 알게 될 것이다.

하지만, 내가 남성들의 마음을 완전히 이해하지 못하는 것처럼, 당신 또한 동료인 여성 공학자가 성공하는 데 무엇을 해야 할지 모를 수 있다. 특히 당신이 여성이 있는 팀의 관리자라면, 당신은 왜 남성들에게는 잘 통했던 충고들이 여성에게는 잘 통하지 않을까 궁금했을 것이다. 이 책은 당신의 관점을 바꿀 것이며, 당신의 팀이 훌륭한 성과를 내는 데 필요한 새로운 전환점을 마련해 줄 것이다.

chapter 1

당신은 누구인가?
공학적으로 사고하기

여성 공학자 집단에 온 것을 환영한다. 당신이 공학자가 되기를 고려하거나, 이미 공학자로 일하고 있다면, 이 책은 당신에게 큰 도움을 줄 것이다. 공학자는 똑똑하고, 문제를 해결하는 창의적인 인간이다. 우리는 이 사회의 엘리트층이고, 스마트폰에서 첨단 의료기기까지, 멋진 빌딩과 깨끗한 물을 만들어내는 일을 하고 있다. 이처럼 우리는 세상에 엄청난 영향을 미치는 중요한 일을 하고 있다.

우리가 팀으로 활동하면서, 팀원들의 능력을 잘 파악하여 적재적소에 배치해야 한다. 만일 당신이 미식축구 선수라면 어떤 위치를 원하는가? 수비수 또는 쿼터백? 사실 우리는 두 선수가 모두 필요하다. 우리가 팀으로 성공하기 위해서는 개개인의 독특한 역할들이 필요하다. 사람을 잘못된 위치에 배치하면, 혼란만 가져오게 된다. 그러면 팀은 최대의 잠재력을 발휘하지 못한다.

미식축구에서 수비수 또는 쿼터백처럼, 당신은 자신만의 독특한 기술과 자산을 가지고 있다. 어떤 것은 자신이 알고 있지만, 어떤 것은 아직 드러나지 않고 있다. 우리는 숨겨진 장소에 있는 당신의 재능을 불러내 당신의 공학적 경력을 쌓는 데 기여하도록 할 것이다.

당신은 자신의 기술을 사용하는 데 있어서 다음의 두 가지 선택 중 어느 것을 선택하겠는가? 리더가 되고 싶은가, 아니면 추종자가 되고 싶은가? 이 차이는 무엇인가? 추종자는 다른 사람이 자신의 경력을 설계하도록 하고, 그 말을 따르는 것이다. 추종자의 항로는 현상유지가 목표이고, 남들이 정해준 목적지로 떠난다. 반면, 리더는 자신에 대해 잘 알고 있다. 그녀는 자신의 장점을 발전시키고, 또한 성장시키고 배울 수 있는 기회를 가진다. 그리하여 이런 성장은 그녀가 최고의 엔지니어가 되도록 한다. 그녀는 자신의 비전을 개척하고, 스스로 선택한 경력의 길로 접어든다. 그녀는 자신에게 어울리는 성공을 정의하고, 자신이 팀에서 능력을 가장 잘 발휘할 수 있는 위치에서 강점을 사용한다.

당신은 추종자가 되길 원하는가, 리더가 되길 원하는가? 당신이 이 책을 읽고 있다면, 당신은 분명 나처럼 리더가 되기 바랄 것이다. 또한 몇 년 전 나처럼 어떻게 시작해야 될지 몰라서 답답함을 느낄 것이다. 이 책은 내가 겪었던 단순한 전략을 보여줄 것이고, 나와 같은 수많은 여성 공학자들이 리더가 되도록 도와줄 것이다. 또한 그런 리더들은 당신을 위해서도 일하고 있다.

이 장에서 나는 당신에게 리더의 마음가짐과 전략을 알려줄 것이다. 당신은 자신의 전략과 가치를 배우게 될 것이다. 이제 당신은 자신만의 성공을 정의할 수 있고, 여성 공학자로 성공하는 비밀을 배우게 될 것이다.

너 자신을 알라

만일 당신이 자신을 잘 모른다면 성공은 어렵다. 당신은 세상에서 유일한 존재이다. 당신은 똑똑하다. 결코 이미 잘 알려진 '이상적인 공학자'의 틀에 자신을 맞추려 하지 마라.

공학의 영역에서, 이상적인 공학자라는 개념은 항상 변한다. 예를 들어 컴퓨터 공학자라고 하면, 우리는 마크 저커버그의 후드티와 티셔츠를 상상한다. 건축 컨설팅 공학과 건설 산업 분야에서는, 골프를 즐기고, 카키색 옷을 입고, 안전모를 쓰고 있는 나이든 사람을 상상한다.

관습을 따르고자 하는 욕망은 인류의 진화 관점에서 보면 자연스러운 일이다. 하지만, 자아라는 것을 극복하고자 한다면, 우리 자신을 의심하는 것에서 출발해야 한다. 이렇게 생각해 보자. 우리는 이상적인 공학자와는 다르기 때문에 일반인들이 생각하는 이상적인 공학자가 될 수 없다. 이런 사고를 '제한된 믿음'이라고 부른다. 우리 모두는 제한된 믿음을 가지고 있다. 하지만 이것을 인식하는 사람은 매우 드물다.

당신의 어린 시절을 한 번 생각해 보라. 당신은 권위에 도전하고, 새로운 것을 시도하라고 교육 받았나? 아니면 다른 사람을 즐겁게 하고, 가능한 한 갈등을 피하고, 주위 사람들을 돌보라고 배웠나? 미국 사회에서 흔히 앞선 예는 남자아이들에게 하라는 가르치는 행동이고, 여자아이들은 두 번째 행동을 선호하라고 한다.

이제 이런 행동양식이 당신의 일터에서 어떻게 적용이 되고, 이것이 당신의 심리상태를 어떻게 형성하는지 생각해 보자. 당신 주위의 여성들은 사람들을 즐겁게 해야 하고, 잘 협력하고, 평지풍파를 일으키거나 반대의 목소리를 높이면 "처벌을 받는다"고 여기지 않는가? 모든 사람이 참석한 부서 회의에서 내 상관은 까다로운 고객과 거래를 할 때는 가능한 '협조적'이 되라고 가르쳤다. 하지만, 유사한 상황에서 남성 공학자에게는 뭐라 말하는지 아는가? "그 친구는 진짜 까다로운 고객이야. 그 고객의 잘못을 깨우치게 해줘서 고마워."

여성 공학자로서, 많은 동료나 관리자나 사장이나 심지어 고객까지도, 여성을 자신의 제한된 믿음과 기대에 기초하여 미리 분류해 놓는다. 과거에 나는 이런 점을 받아들였지만, 당신은 이제 이런 점을 당연하게 받아들이지 마라. 이것은 당신의 효율성을 제한하는 불만을 가져오는 결과가 된다.

이런 일이 생기면, 두 가지를 기억하라. 1) 그들은 단순히 자신의 믿음을 당신에게 투사하는 것이다. 2) 다른 사람의 제한된 믿음을 따라야 하는 책임은 없다. 당신의 책임은 오로지 당신 자신에게 최선을 다하는 것이다.

자신을 잘 아는 것이 첫 번째 단계이다. 당신 바깥의 세상을 당신 내부 세상의 핵심 가치와 일치하도록 하라.

개인의 성질을 가지고 시작해 보자. 특히 내성적인 면과 외향적인 면을 살펴보자. 우리가 가지고 있는 이상적인 공학자의 전형적인 모습은 내성적인 괴짜로서 항상 컴퓨터를 만지고, 사회생활에는 빵점인 사람들이다. 그와 반대로, 미국 사회는 외향적인 사람들을 격려하고 가치를 높게 둔다. 파티를 즐기고, 엄마를 돌보고, 사교적인 정치인 같은 모습이다. 이런 사람들이 주로 방송과 미디어에 등장한다.

당신은 외향적인가 아니면 내성적인가? 당신이 어떤 성격인지 확신이 없으면, 당신이 쉴 때 무엇을 하는지 생각해 보라. 시간이 날 때 당신은 하루 종일 책, 게임, 그리고 TV를 보면서 시간을 보내는가, 아니면 친구들과 야외에서 시간을 보내는가? 혼자 시간을 보내면서 재충전을 하는 것은 전형적인 내성적 사람들의 특징이다. 외향적 사람들은 사교적 활동을 통해 재충전한다. 당신은 나와 마찬가지로, 그리고 대부분의 공학자처럼 내성적인 경향이 있다. 왜 이 점이 중요한가?

이런 핵심적인 성격 특징은 당신이 누구라는 것을 보여주는 한 부분이기도 하지만, 중요한 점은 내성적인 여성 공학자는 다양한 사회적 기대를 감당해야 한다는 것이다. 반면에, 내성적인 남성 공학자의 내성적인 특징은 사회적 기대에서 '용서'가 된다. 이런 남성 공학자들은 워낙 괴짜라서 그들의 탁월한 두뇌에 의한 자연스런 모습으로 이해하기 때문이다. 사람들은 예외적으로 뛰어난 지적 능력을 가진 남성 공학자들은 사회성이 부족해도 이해를 한다. 이런 부류의 남성 공학자들은 특히 기술적 지식이 필요한 산업체에서 많이 볼 수 있다.

하지만, 내성적인 여성 공학자는 사회로부터 차가운 냉대를 받는다. 만일 그녀가 많은 사람들이 어울리는 곳에 가지 않으면 사람들은 관심을 가지고, 그런 모습을 그녀의 괴짜 같은 탁월한 지적 능력으로 보기보다는 이상한 사람 취급을 한다. 세상은 여성 공학자들은 항상 사교성이 있어야 한다고 기대를 하고, 이 기대를 벗어나면 '응징'을 한다.

이런 성격의 특징이 중요한 이유는 외향적인 사람과 내성적인 사람이 사회적 관계를 맺는 방식이 다르기 때문이다. 외향적인 사람은 많은 사람을 사귀려고 하고, 내성적인 사람은 아주 가까운 몇 명의 친구만을 사귄다. 이 책 5장에서는 당신의 성격에 따른 인맥 관리를 어떻게 하는지 말해줄 것이다.

당신은 자신의 성격에 기초하여 사람들과 다른 자신만의 경력을 쌓아가는 것을 고려해야 한다. 만일, 사람들과의 빈번한 접촉으로 인하여 정신적으로 소진이 된다고 판단되면, 대부분의 시간을 독립적으로 일할 수 있는 좀 더 기술적인 역할을 선택하는 것이 좋다. 만일 당신이 외향적인 사람이라면, 다른 사람과 접촉하면서 자신의 기술적 영역을 잘 조화시킬 수 있는 비즈니스 개발 업무를 선택하는 것이 좋다.

자신이 가장 좋아하는 일을 택하고 자신의 경력에 어떻게 적용시킬지 생각해 보라. 첫 번째 단계는 자신의 개인적 가치를 정의하고, 그에 따르는 것을 결정하는 것이다.

당신은 자신의 가치를 압니까? 내가 가지고 있는 핵심가치 중 하나는 이 책을 쓰고 있는 이유이다. 이 가치는 바로 '정직'이다. 나의 이 가치를 사용하여 다른 여성 공학자들이 자신의 영역에서 최상의 단계까지 오르도록 도와주는 것이 꿈이다.

아마도 당신은 자신의 가치를 잘 모를 것이다. 만일 그렇다면, 다음 사항을 고려해 보라.

- 대부분의 시간과 돈을 어디에 사용하나?
- 일을 할 때 무엇을 하고 싶은가?
- 당신과 가장 가까운 세 명의 친구에게 당신이 어떤 사람인지 물어보

라. 그들의 답변에서 당신의 가치가 무엇인지 경향성을 볼 수 있을 것이다.

이제 당신의 가장 대표적인 가치 세 가지를 써라.

1. _____

2. _____

3. _____

이제 당신의 삶과 직장에서의 성공을 위한 핵심적인 당신의 세 가지 가치를 자신의 경력과 일치하도록 하라. 예를 들어, 당신이 새로운 상품이나 사업에 무관심하고, 무익해 보이는 조직의 세분화 과정을 싫어하고, 그 대신 집을 수리하고 개조하는 TV 방송에 관심이 있다고 하자. 그렇다면 당신은 토목공학 회사에서 일하는 것이 불행할 것이다. 왜냐하면 그런 회사는 새로운 하부 조직을 개발하는 데 특화되었기 때문이다. 반대로 당신은 재활용이나 재건 프로젝트를 하는 개발회사와 잘 맞을 것이다.

이제 당신은 자신의 가치에 대해 좀 더 확실하게 인식했기 때문에, 당신의 강점을 이야기해 보자. 당신은 어떤 일을 좋아하는가? 어떤 주제에 대해서 주변 사람들이 당신에게 조언을 구하는가? 어떤 일을 할 때 자신이 일터나 조직에서 독특한 존재라고 여겨지는가? 잠시 생각하고 장점을 적어보자.

내 장점

1. _____

2. _____

3. _____

나는 자신의 약점을 강화하려고 애쓰는 많은 남성 및 여성 공학자들은 알고 있다. 공학자는 정확성이 요구되기 때문이다. 우리는 항상 올바르게 일을 해야 한다. 우리는 우리와 관점이 다른 사람들과는 저절로 논쟁을 벌인다. 우리는 기술적 문제에 대하여 논쟁한다. 논리적 전개는 우리를 교육시키고 발전시킨다. 이런 약점을 강화함으로써 우리는 오류에서 벗어난다.

사무실에서 항상 가장 똑똑한 사람이 되려고 애쓰는 사람 중에서, 단지 자신이 옳다는 것을 증명하기 위해서 많은 공학자들에게 흥미가 없는 한 가지 주제에 대하여 많은 시간을 소비하는 사람이 있다. 만일 그 주제가 너무 매력적이거나 그 분야에 전문가가 되려고 하지 않는다면, 그런 행동은 단지 시간을 낭비할 뿐이다. 자신이 모든 것을 해결해야 한다고 하면서 에너지를 소진하는 대부분의 공학자들보다 멀리 바라보고 자신의 강점에 초점을 맞추어라.

자신이 정말 잘할 수 있는 몇 가지를 어떻게 구현할 것인지 곰곰이 생각해 보라. 아마 한두 가지는 쉽게 떠오를 것이다. 이것에 대하여 장인이 되라. 많은 것을 하겠다는 욕심을 버려라. 당신이 자신의 강점을 발견하고 일을 하면, 그 일은 더 이상 일이라고 느껴지지 않는다. 그리고 사람들은 그 일에 대한 당신의 지식과 열정을 잘 알기 때문에 열정적으로 당신 주위에 모여 들 것이다.

당신의 가치 + 당신의 장점 = 당신이 규정한 당신의 성공!

자신만의 성공을 규정하라

"승자는 실패를 두려워하지 않는다. 하지만 패배자는 실패를 두려워한다. 실패는 성공의 한 과정이다. 실패를 피하려는 사람은 성공도 피한다." 『부자 아빠, 가난한 아빠』의 저자이자 '부자 아빠 회사'의 창립자인 로버트 기요사키의 말이다.

이제 당신은 가치와 강점에 대해 잘 알았기 때문에, 당신의 이상적인 공학자의 모습은 어떨지 살펴보자. 돈이 목표가 아니라면, 당신은 하루를 어떻게 보내겠는가? 당신은 일을 할 것인가? 여행? 당신의 일상이 당신의 가치, 강점과 일치하는가?

이쯤에서 당신은 내가 책을 잘못 구입했나? 생각할지 모른다. 공학이 아니라 심리학에 대해 이야기하는지 궁금할 것이다. 책은 잘 구입한 것이다. 당신에게 성공적인 공학의 비밀에 대해 이야기하고 있으니 좀 더 참고 나를 따라오길 바란다. 당신이 성공에서 기댈 수 있는 첫 번째 것은 무엇일까?

바로 당신!

내가 그러했다. 나는 나 자신을 꼭 붙들고 있었다. 대학 시절, 나는 '내가 무엇을 하지 싶은지 잘 모르겠다'라고 생각하고 있었다. 그래서 전공을 세 번이나 바꾸었다. 나는 내 가치나 강점에 대해 생각해보지 않았고, 내가 처음 한 일의 성과를 남들이 평가하고 규정하기를 바랐다. 그건 큰 실수였다.

왜냐고? 그 당시에 나는 '적절한' 경력 상승의 사다리를 타는 것은 남들이 말하는 대로 하는 것이라 '배웠기' 때문이다. 그리고 시간이 흘렀고 승진이 되었다. 나는 그것이 내가 원하는 것인지, 내가 필요로 하는 것인지 생각해보지 않았다. 나는 그곳이 내 장점을 가장 잘 활용하는 직장인지에 대해서도 생각하지 않았다. 나는 단순히 군중들을 따랐을 뿐이다.

내가 한 실패를 반복하지 마라.

자신의 목적을 먼저 찾아라. 이 세상에서 무엇을 하고 싶은가? 그 목적이 당신의 우선순위를 규정하게 하라. 다른 사람이 당신을 규정하도록 하지 마라. **당신만이 당신 경력에 책임이 있다.** 당신의 상관, 관리자, 배우자, 가정, 사회 모두 책임이 없다. 자신이 의도적으로 경력을 선택하라.

당신은 일에서 성공을 어떻게 규정할 것인가? 돈, 명예, 권력? 갤럽 조사에 따르면, 대부분의 사람들은 위의 세 가지를 언급하지 않았다. 『공간의 재발견: 나는 언제 최고의 능력을 발휘하는가(The Best Place to Work)』을 쓴 론 프리드먼 박사와 공학관련 학회에서 주제 발표를 한 연사들의 이야기는 다음과 같다. 사람들이 자신의 일에서 즐거움을 경험하는 데 필요한 세 가지 특성은 바로 경쟁력, 좋은 관계, 그리고 자율성이라는 것이다. 직장인들이 이런 세 가지 특성을 경험하게 되면, 그들은 자신의 일에 매우 적극적이라는 것이다. 적극적인 직장인은 상대적으로 더 즐거워하고, 생산적이고, 고객의 요구에 잘 대응한다. 적극성은 그렇지 않은 사람에 비해서 생산성을 17퍼센트 증가시키고, 21퍼센트 높은 수익성을 가져온다.

직장에서의 적극성은 직장에서 최고의 스타 자리를 얻는 데 필수적이다. 적극성은 자신의 목적에 대한 마음가짐을 필요로 한다. 이 점은 또한 당신과 당신의 고용주에게도 이득이 된다.

당신의 '이상적인' 직장 상황에서 찾아야 할 것을 몇 가지 적어보자. 여기 몇 가지 예를 보자.

- 나 자신, 고객, 관리자, 그리고 회사와의 상호적 신뢰
- 언제, 그리고 어디서나 일을 마칠 수 있는 유연성
- 어떻게 일을 마칠지에 대한 자율성
- 세상에 영향을 미칠 일
- 내가 흥미를 가지는 주제에 대하여 말하고, 쓸 수 있는 기회
- 여행(당신은 세상을 보길 원하는가, 집 주위에 맴돌기를 원하는가?)
- 다양한 흥미와 재능을 가진 사람들과 교제하기

이제 당신의 '이상적인' 개인적 삶에서 찾아야 할 것을 몇 가지 적어보자. 여기 몇 가지 예를 들었다.

- 자녀의 학비와 은퇴 후의 생활 준비를 포함해서 그리 사치하지도, 낭비하지 않는 적절한 생활에 필요한 돈
- 채무가 없는 집 소유

- 적당한 근무 시간

- 매일매일의 운동

- 친구들과 차를 마시고 점심식사를 할 정도의 여유시간

- 봉사 활동

- 충분한 수면

자신의 작성 목록을 살펴보고, 가장 중요한 세 가지를 선택하라. 그리고 당신의 삶의 방식이 이런 우선순위와 잘 맞는지 고려하라. **당신은 대부분의 시간, 돈, 그리고 에너지를 가장 중요한 우선순위에 사용하고 있는가? 일과 놀이가 균형을 맞추고 있는가?**

가장 행복하고, 건강하고, 성공적인 공학자들은 자신의 개별적인 우선순위를 만족시키는 일과 놀이의 균형을 잘 조절하고 있다. 당신만이 당신 고유의 우선순위를 규정할 수 있다. 다른 사람에게 이 일을 맡기는 것은 바람직하지 않고, 결국은 평범하고 불행한 경력을 가지고 말 것이다. 당신의 성공은 자신의 일과 우선순위와의 일치에 달려 있다. 나는 당신이 행복하기를 바란다. 그래서 당신이 이 책을 읽으면서 이를 실천하기를 다음으로 미룬다면, 이 시점에서 당신이 책 읽기를 멈추길 바란다. 다시 뒤로 돌아가서, 앞서 이야기한 목록들을 작성하고 다음 장으로 이동하도록 하자.

성공의 비밀들

여성 공학자로서 성공에 대한 네 가지 비밀이 있다. 당신은 자신을 알고, 긍정적이어야 하고, 자신을 잘 돌보고, 그리고 베풀어야 한다. 여기서 한 가지라도 무시하지 말자. 당신은 이 네 가지 비밀이 공학적 지식과 아무 상관이 없다는 점을 알고 놀랐을 것이다. 하지만 이것이 당신이 공학자로 경력을 쌓는 데 필요한 성공의 비밀이다. 당신의 성공은 외적인 지식보다는 내면적 마음가짐과 좀 더 연관이 있다. 만일 당신의 마음가짐이 질서를 가지지 못한다면, 아무리 외적 지식이 풍부하다고 해도 그저 평범한 공학자에 그칠 것이다. 하지만 당신이 적절한 마음가짐을 함양한다면, 외적인 지식을 배우고 적용하는 당신의 능력이 엄청나게 증대될 것이다.

비밀 1. 너 자신을 알라

자신을 아는 것은 왜 필요할까? 그래야만 자신만의 성공을 규정할 수 있다. 어떤 여성에게 성공은 높은 급여를 뜻할 것이다. 한편 어떤 사람에게는 자신이 좋아하는 곳에서 좋아하는 시간에 일을 할 수 있는 자유이다. 또한 당신은 여성 공학자가 흔치 않기 때문에 사람들 눈에 잘 띈다는 점을 알아야 한다. 이건 당신이 아무리 남성 공학자들처럼 되려고 해도 바뀔 수 없는 사실이다. 당신은 단지 여성이기 때문에 동료들 기억에 남을 것이다. 나중에 이러한 당신의 장점을 어떻게 인맥 쌓기에 활용하는지 알려줄 것이다.

나는 오랜 시간 이 문제를 다루어 왔고, 아직도 종종 이 문제로 씨름하고 있다. 나는 내가 삶과 일에서 무엇이 정말 중요한지 생각해 보지 않은 채 단지 바쁘게 일만 한다는 데서 좌절감을 느꼈다. 나는 우선순위를 어떻게 정하고, 그것을 잘 조절하는 법을 배우지 못해 몇 몇 친구와의 관계가 나빠졌다. 절대 나처럼 되지 마라. 당신 자신을 알라. 자신에 대해 잘 알게 되면, 그 지식을 이용하여 다른 사람이 아 닌 자신만의 경력을 작성하는 데 사용하라.

비밀 2. 긍정적으로 사고하라

불운은 종종 일어난다. 때로는 성차별이거나 정당하지 못한 일이다. 또는 정말 쓰레기 같은 상사를 만날 수도 있다. 종종 인생은 손해를 볼 때도 있다. 이것만 빼고는 정말 멋진 인생이라는 희망을 갖자. 고 난이 닥쳐올 때, 우리는 두 가지 선택을 한다. 우리는 이런 상황을 불 평하고, 비참함을 느끼고, 친구나 사랑하는 사람들을 비관적으로 본 다. 그리고 공학자로서나 여성으로서 인생의 불공정함에 대해 "정신 적 희생자"라고 생각한다. 하지만 다른 대안은 정신적 스승님이 해준 충고를 생각하는 것이다. "당신을 변화시킬 수 있는 사람은 오직 당신 뿐이다." 우리는 낙관적인 태도를 갈고닦을 수 있다. 물론 이런 낙관 적인 자세가 세상을 온통 무지갯빛 희망으로 가득찬 완벽한 세상이 라는 것을 뜻하지는 않는다. 그와 반대로, 이것은 우리 개인의 행동이 가장 중요하다는 믿음을 갖는 것이다.

과학적 연구가 이를 뒷받침한다. 수많은 심리 연구는 당신이 믿는 것이 당신이며, 우리 모두는 어떤 현실을 인식한다고 말해준다. 당신은 이런 도전적인 프로젝트가 성공할 것이라고 생각하는가? 그렇다고 하면 당신이 맞는 것이다. 성공하지 않을 것이라고 생각하는가? 그럼 실패한다는 것이 맞다.

우리 모두는 낙관주의가 되고자 할 때 목표를 이룰 수 있는 힘이 생긴다. 매일 아침 잠자리에서 일어나서 "오늘은 긍정적인 사람들과 함께해서 즐거운 날이 될 거야" 하고 결심할 수 있고, 그런 활력을 가져오는 습관을 만들 수 있다. 우리는 삶에서 자동차의 운전석을 선택할지 아니면 환경의 희생자가 될지 선택할 수 있다. 낙관주의는 당신이 좋은 영향력을 주는 사람이 되는 데 필요한 요소이다. 당신은 어떤 사람이 되기를 바라는가?

낙관주의는 일과 가정에서 최대한의 존재감을 위해서 필요하다. 이런 낙관주의는 다른 사람에게 전염이 되기도 한다. 믿어지지 않나? 그럼 과학적 증거를 살펴보자.

1. 펜실베이니아 주립 대학의 셀리그만 박사는 세일즈맨의 낙관주의 점수와 그들의 영업실적을 비교했다. 그는 이 비교를 다른 산업 분야, 즉 보험, 사무용품, 부동산중개업, 은행, 자동차 영업에 걸쳐서 조사했다. 결과는 다음과 같다. 낙관주의 점수가 높은 세일즈맨이 비관주의자보다 20~40퍼센트 높은 영업실적을 보였다. 그는 이번 결과와 과거 연구 결과가 너무 확고

하다고 확신했다. 그래서 그는 메트라이프 보험회사에 자신이 사용한 테스트에서 가장 높은 낙관주의 점수를 받은 사람을 고용하라고 추천했다. 그 결과는 놀라웠다. 낙관주의 점수가 상위 10퍼센트인 영업사원은 가장 비관적인 영업사원보다 88퍼센트 높은 영업실적을 보였다. (어떤 사람은 공학자는 물건을 파는 사람이 아니므로 이런 조사는 의미가 없다고 하기도 했다. 이 내용은 5장에서 다시 다룰 것이다.)

2. 일하기 전에 부정적인 뉴스를 약 3분 정도 보는 것은 긍정적인 뉴스를 보는 사람에 비하여 불행하다고 느끼는 정도가 27퍼센트 높았다. 일을 하다 잠시 쉴 때 당신은 CNN 뉴스를 보는가? 당신이 부정적인 것을 읽거나 들으면(대부분의 뉴스는 부정적이다) 당신은 잠시 후에 행복하지 못하다고 느낀다.

3. 프레드릭슨의 연구 결과는 긍정적인 감정을 갖는 것이 당신의 주의와 사고력을 확장시키고, 더 큰 연관성을 갖게 하고, 더 많은 아이디어를 갖게 한다고 했다. 그녀의 연구는 긍정적인 감정은 인지기능을 증가시키고, 시간이 지남에 따라 엄청난 성장을 가져온다는 것을 보여준다. 부정적 감정은 자신의 관점을 편협하게 한다. 이런 편향된 관점은 감기나 스트레스를 이겨내는 일도 힘들게 만든다.

4. 경제적으로 여유 있는 회사의 조직은 비즈니스 회의를 하는

동안 긍정적인 표현이 부정적인 표현보다 2.9배 많다고 한다.

공학자는 선천적으로 문제를 해결하는 사람이다. 하지만 불행하게도, 이런 점이 다른 사람의 실수를 그냥 봐주지 못하는 나쁜 버릇에 빠지게 한다. 솔직하게 이야기하자. 어떤 사람이 당신의 실수에 대하여 자꾸 지적을 하면 기분이 어떤가? 당신이 이런 사람에게 도움을 청해야 한다면 어떻게 하겠는가? 당신이 의문점이 있으면 그 사람을 믿고 질문을 하겠는가?

문제를 해결하는 사람이 되겠다고 결심하라. 부서의 어떤 사람이 당신을 귀찮게 하는가? 책망하지 마라. 부서가 해결책을 찾도록 도와라. 이렇게 하면, 당신은 좋은 명성을 쌓을 것이고, 상황이 나빠져도 당신에 대한 신뢰는 굳건할 것이다. 이 점은 3장에서 당신이 배울 결정적인 리더십의 특징이다.

비록 당신이 천성적으로 낙관주의자가 아니더라도, 다행인 소식은 우리는 연습을 통해서 낙관주의자가 될 수 있다는 것이다. 많은 연구 결과가 보여주는 것은 감사하는 태도를 가꾸는 것이야말로 낙관주의자로 가는 가장 빠른 길이라는 사실이다. 감사하다는 말을 종종 하라. 매일 아침에 감사할 것 한 가지씩 꼭 생각하라.

우리 집에서는 매일 저녁 감사한 일을 한 가지씩 서로 이야기를 나누고 있다. 감사할 것이 엄청 대단하고 큰 것일 필요는 없다. 우리 딸아이는 디저트로 사탕을 먹을 수 있어서 감사하다고 했다. 나는 오늘 햇빛을 볼 수 있어서 감사하다고 했다(11월 펜실베이니아 산악 지역은 흐린 날이 많다).

당신은 또한 '불평하지 않기'에 도전할 수 있다. 하루 종일 불평 안 하기를 해 보라. 생각보다 쉽지 않다.

긍정적인 사고는 자신감을 기르고, 이것은 성공과 밀접한 관계가 있다. 또한 당신이 임원까지 승진하는 데 필요한 존재감을 준다. 자신 감을 한번 체크해 보자. 당신이 해결책을 모르는 어려운 문제에 직면 하고 있다고 하자. 어떻게 할 것인가? 그냥 포기하고 "나는 해결책이 없는 둔한 사람이야"라고 할 것인가? 아니면 계속 문제를 파고들고, 궁리하고, 해결책을 찾을 때까지 다른 자원들을 찾아볼 것인가?

만일 당신이 두 번째 선택을 했다면, 당신은 성장할 수 있는 마음 가짐이 있다. 만일 첫 번째 선택을 했다면, 당신은 고착된 마음가짐을 가지고 있다. 그런데 종종 이런 마음가짐은 성별 차이와 관계가 있다.

남성들은 전형적으로 성장할 수 있는 마음가짐을 가지도록 길러 진다. 그들은 자신이 열심히 훈련을 하면 무엇이든지 배울 수 있다는 타고난 믿음을 가지고 있다. 성장하는 마음가짐이란 항상 새로운 것 을 배울 수 있다는 것을 의미한다. 자신의 지식과 재능이 고정되어 있 지 않고 훈련을 통하여 새로운 것을 배울 수 있다는 뜻이다. 한편, 고 정된 마음가짐은 주로 여성들에게 광범위하게 퍼져 있다. 여성들은 자신의 지적 능력과 재능이 고정되어 있다고 믿는다.

어린아이일 때 당신은 예쁘게, 그리고 바른 행동을 할 때 칭찬을 받는다. 이것이 바로 고정된 마음가짐이며, 미국에서 자라는 대부분 의 여자아이들은 이렇게 길러진다. 그들은 열심히 하고, 새로운 것을 시도하고, 포기하지 않는 것이 가치 있는 것이라고 배우지 않는다. 성 장하는 마음가짐이 바로 이런 것이며, 이는 대부분 남자아이들을 기를 때 적용된다.

만일 당신이 고정된 마음가짐을 가지고 있다면, 성공과 유사한 어떤 새로운 것을 시도하면서 약간의 자신감을 가질 수 있도록 시도해 보라. 이것은 봉사 활동 같은 것을 포함하는데, 자신의 전문성을 쌓는 데 필요한 행동을 서술할 2장에서 다시 언급할 것이다.

내가 생각하기에 당신은 이제 어느 정도 성장하는 마음가짐을 가졌을 것으로 보인다. 만일 당신이 이 책을 읽고 있다면, 당신은 성공에 필요한 재능을 배울 수 있다고 깨달을 것이다. 이 책으로 인하여 자신의 경력에서 잠재력을 최대로 하고자 선택했다면, 그것은 당신은 성장하는 마음가짐을 가지고 있다는 것을 증명한다.

"축하합니다! 이제 계속 책을 읽읍시다!"

비밀 3. 자신을 돌보는 것을 최우선하라

세 번째 비밀은 이 책에서 가장 중요한 부분이다. 만일 당신이 이것을 실행하지 않는다면, 이 책의 다른 내용은 모두 소용없다. 이것을 잘 실행하면, 당신은 성장하고, 승진하고, 당신이 생각한 것 이상을 달성할 능력이 생긴다.

그 비밀이란? 바로 당신 자신을 돌보는 것이다. 잘 자고, 잘 먹고, 운동하기.

물론 나도 이 간단한 일이 얼마나 어려운 것인지 잘 안다. 일이 끝나고 운동하러 가는 것이 친구들과 즐거운 시간을 보내는 것보다 얼마나 어려운지. 프로젝트를 끝내기 위해서 늦게까지 사무실에 남아 일하고 나서, 운동하러 가기보다는 늦잠을 자고 오후에 설탕이 가득 담긴 간식과 카페인 음료를 먹는 것이 쉽다는 것을. 미국 사람들의 독특한 문화는 늦게까지 남아서 마지막까지 일을 '조금 더 하는 것'을 격려한다는 것이다.

자기 자신을 먼저 돌보는 것이 자신의 경력 발전과 큰 연관이 있다는 생각은 큰 약속이 될 수 있다. 하지만 많은 사람들에게 이것은 불편한 진실로 보인다. 당신은 눈을 동그랗게 뜨고 의아해 할 것이다. 하지만 잠시 내 이야기를 들어보라. 내 개인적인 이야기는 분명 당신에게 확신을 줄 것이고, 최근의 과학적 연구의 많은 부분이 이를 뒷받침한다.

나는 대학을 졸업할 때 몸무게가 약 81킬로그램(내 키는 170센티미터)로 약간 살이 찐 상태였다. 나는 열심히 회사를 다녔고, 퇴근 후에는 사회생활을 즐겼다. 나는 미국 남부 도시로 이사한 후 맛있는 음식을 마음껏 즐겼다. 그리고 나는 열심히 일하니깐 이 정도는 먹어도 괜찮아 하면서 합리화했다. 이렇게 3년이 지나자 내 몸무게는 20킬로가 더 늘었다. 나는 내가 살찐 것을 알았지만 사무실에서 열심히 일하는 데 문제가 없다고 여겼다. 나는 다시 미국 북동부로 이사를 왔고, 몇 년 후 두 아이의 엄마가 되었으며 몸무게는 100킬로그램이 넘었다. 나는 항상 피곤했고, 젊었을 때 매력은 어디로 가 버렸나 고심했다. 당시 나는 30대 초반이었고, 작은아이도 두 살이 지나서 육아 때문에 수면장애가 왔다고 핑계를 댈 수도 없었다.

그 시절 나는 사진을 보고 나서야 내가 얼마나 살이 쪘는지 깨달았다. 나는 아이들을 건강하게 키우려면 내가 먼저 모범을 보여야겠다고 결심했다. 가장 먼저 매일 네 캔씩 먹던 콜라를 끊었다.

작은 것부터 시작했다. 집에는 먼지를 뒤집어쓴 러닝머신이 있었다. 러닝머신을 타는 일은 지루했다. 그래서 운동을 지루하지 않게 하려고 매일 밤 아이들을 재우고 나서 30분 동안 책을 읽거나 운동에 동기 부여를 주는 관련 내용을 들으면서 운동을 했다. 나는 또한 내 자신과 거래를 했는데, 만일 너무 피곤하다고 느끼면 운동을 15분만 하자는 것이었다. 하지만 놀라운 것은 그런 일은 벌어지지 않았다.

나는 또한 건강한 식사를 결심했다. 먹는 양을 줄였다. 아침에는 오트밀이나 칠면조 샌드위치를 먹었고, 간식은 요거트, 그리고 점심에는 살이 덜 찌는 음식을 먹었다. 저녁에는 고기와 채소, 그리고 탄수화물 위주로 먹었다. 조금씩 살이 빠지더니 1년 후에 체중은 70킬로로 돌아왔고, 다시 70킬로그램 아래로 줄었다. 나는 매일 달리기와 아령 들기, 요가를 했다. 나는 지난 4년간 이 체중을 유지하고 있고, 셋째 아이를 임신했을 때도 체중은 늘지 않았다.

당신은 공학에 관한 이야기를 하면서 왜 개인적인 다이어트 역사를 이야기하는지 의아할 것이다. 왜냐하면, 흥미롭게도 살이 빠지자 나는 자신감이 충만해졌다. 나는 좀 더 어려운 일을 맡고자 하는 의지가 생겼고, 또한 약간 모험적인 일도 하게 되었다. 머리가 혼란스러운 상태에서 벗어나는 것 같았다. 나는 건강한 몸과 외모를 가질 수 있다는 점을 스스로 증명했다.

직장에 가기 전 운동을 하면 에너지가 넘치고 무슨 일이든 감당할 수 있을 것 같다고 느꼈다. 그래서 나는 중요한 회의나 일이 있을 때는 이른 아침에 꼭 운동을 했다. 오전 운동은 까다로운 고객이나 어려운 일이 요구될 때 아무것도 안하는 것보다 훨씬 더 일을 쉽게 만들었다. 그냥 듣지만 말고, 당신도 한번 해 보라. 어떻게 자신의 느낌이 변하는지 직접 보라. 운동은 점심 식사 후 걷는 것만큼 쉽다. 헬스클럽 회원권이나 비싼 운동기구가 필요한 것이 아니다.

당신은 일상에서 조금씩 시간을 내어 운동을 할 수 있다. 직장에서는 걸으면서 하는 회의를 생각해 보라. 이것은 4명 이하의 회의일 때 가장 좋다. 작고한 스티브 잡스가 이렇게 했고, 그리고 마크 주커버그는 아직도 이런 방식의 회의를 하고 있다. 이런 운동은 산만한 주의력을 감소시켜서 생산성을 증가시킨다. 2014년 미국 스탠포드 대학 연구는 이 운동으로 창의성이 60퍼센트나 증가되었다고 보고했다. 운동과 더해서, 뇌에 좋은 음식을 공급하는 것은 생산성과 매우 중요한 관계가 있다. 뇌는 우리 몸에서 2퍼센트 정도의 무게를 차지하지만, 우리가 먹는 음식의 20퍼센트나 소비한다. 우리 뇌는 포도당이 혈액에서 25그램 정도 있을 때 최적으로 작동한다. 그 양은 대략 바나나 한 개 정도이다.

그래서 나는 식사량을 줄였고, 단백질, 채소와 가공되지 않은 곡류를 주로 먹었다. 이런 식사 조절은 내 머리가 혼란스러워지는 것을 방지했고, 특히 오후 시간의 멍한 상태에서 벗어날 수 있었다. 내가 전에 주로 먹은 탄수화물은 잠시나마 행복감을 주었지만, 가공식품 위주의 포도당은 금세 혈액에서 사라지고 나는 다시 멍한 상태가 되었다. 솔직히 나는 식단을 바꾸기까지 내가 얼마나 나쁜 기분이었는지도 몰랐다. 음식을 바꾸자 단 음식에 대한 갈망과 오후의 멍한 상태가 없어졌다.

운동과 좋은 식단에 대한 내 개인적인 경험은 다른 연구에서 이미 확실해졌다. 최근 출판된《운동과 스포츠에서 의학, 과학 연구》라는 잡지에서 30대 초반의 쌍둥이에 대한 연구 결과를 발표했다. 다른 요인은 모두 같게 하고, 한 명은 꾸준히 운동을 하고, 다른 한 명은 주로 앉아 있게 했다. 결과를 보니 주로 앉아 있는 한 명은 인슐린 저항성(당뇨 전 단계)이 높아졌고, 참을성이 적고, 지방이 많아졌다. 또한 뇌의 지능을 담당하는 회백질이 감소하여 자동차 운전에 필수적인 공간 지각 능력이 감소하였다.

최근《타임》에서도 맨디 오클랜더는 쥐를 이용해서 유사한 실험을 하였고, 운동이 노쇠함을 억제하는 것으로 알려졌다. 그녀는 다음과 같이 말했다. "만일 운동이 사람들의 건강에 미치는 모든 것을 대체할 수 있는 약이 개발된다면, 그것은 약의 발전에서 가장 가치 있는 일이 될 것이다."

어떤 종류의 운동이든지 남성호르몬인 테스토스테론의 수치를 올리고 스테로이드 호르몬인 코르티솔의 레벨을 낮춤으로써 인지능력을 향상시킨다. 이것은 3장에서 배울 핵심적인 리더십 능력인 긴박함 속에서도 침착함을 유지하는 것과 긴밀한 연관이 있다.

또 다른 운동 효과는 스트레스 관리이다. 심장을 강화하는 어떤 종류의 운동이든지 기분 좋게 하는 호르몬 생산을 증가시키고, 스트레스 호르몬의 감소를 가져온다. 나는 킥복싱과 테니스를 좋아하며 종종 요가를 즐긴다. 명상, 호흡하기, 그리고 영감을 자극하는 음악을 들으면서 좋은 기분을 유지한다. 이런 모든 형태의 스트레스 관리의 최종 목적지는 바로 '잘 자는 것'이다.

우리는 왜 잠이 필요할까? 수면은 우리 몸이 치유되고 기억이 되살아나게 하는 메커니즘이다. 만일 당신이 새로운 것을 배웠거나, 새로운 사람을 만났다면, 오늘 배운 것을 내일 기억하도록 뇌의 뉴런의 경로를 형성하게 하는 것이 바로 잠이다. 당연히 공학자들에게 우리가 설계한 것을 다시 기억하고, 우리가 해결하려고 애쓴 문제들을 다시 기억하는 것은 매우 중요한 일이다. 그러나 미국 사람들의 약 삼분의 일은 충분히 못 자고 있다.

그렇다면 얼마를 자야 충분한 잠인지 궁금할 것이다. '충분한 수면'은 보통 7시간이나 그 이상이다. 충분한 수면을 취하지 못하면 우리 몸에서 무슨 일이 일어날까? 단지 하룻밤 수면이 부족해도, 당신은 어제 일어난 일을 기억하는 데 힘들어하고, 의지가 약해진다. 게다가 결정을 하는 데 힘겨워한다. 잠이 부족하면, 뇌 기능이 떨어지고, 특히 기억력이 떨어지고, 코르티솔 수치가 올라간다. 코르티솔 수치가 낮아야만 스트레스 상황에서도 침착함을 유지할 수 있는데, 이는 리더십에서 매우 중요한 요소이다. 항상 잠이 부족한 사람은 코르티솔 수치가 높아서 능력을 발휘하는 데 한계가 있고, 당연히 리더가 되고, 일에서 뛰어남을 보이기 어렵다.

비밀 4. 베풀면 받는다

애덤 그랜트는 저서 『기브 앤 테이크(Give and take)』에서 비즈니스에서 성공한 사람들의 연구 결과를 보여주었다. 그는 사람을 세 가지 종류로 나누었다. 주는 사람, 받는 사람, 주고받는 사람. 주는 사람은 자신이 할 수 있는 건 무엇이든 다른 사람에게 도움을 준다. 하지만 주는 사람도 이기심의 정도에 따라 몇 가지 그룹으로 나뉜다. 받는 사람은 이기적이고 다른 사람을 이용하려 하고, 자신에게 이익이 되는 일이면 뭐든 한다. 주고받는 사람은 자신이 받을 때 거기에 맞게 보답을 한다. 전체 산업종사자를 조사하고 나서, 그랜트는 계급의 가장 상층과 하층에 주는 사람이 많이 있는 것을 알았다. 하위 계급에 있는 주는 사람은 자신의 경계를 명확히 하는 데 실패했고, 상위 계급에 있는 사람들은 자신의 영역에서 매우 성공한 사람들이었다.

성공한 사람들을 모방하기 위해서, 당신은 "어떻게 당신한테 도움이 될까"라는 자세를 가져야 하고, "나를 위해서 무엇을 해줄 건가"라는 자세를 가지면 안 된다. 우리는 개인주의 사회에 살고 있기에, 만일 당신이 남에게 조금 베푼다면, 당신은 많은 이득이 있을 것이다. 이 이야기가 의미하는 것은 바로 당신이 고객이나 동료에게 '어떻게 도와줄까' 묻고, 당신 상사에게 '회사를 발전시키는 데 내가 무엇을 할 수 있을까' 하고 묻거나 또는 새로운 기술을 얻기 위해 전략적으로 자원봉사를 하는 것이다. 오늘 당장 "5분 정도 남에게 좋은 일하기"를 시작하라. 자신을 소개하고, 어떤 사람에게 흥미 있는 글을 보내거나 감사 이메일을 쓰도록 하라.

자원봉사와 베풀기는 당신의 경력을 쌓는 데 큰 힘이 되며, 당신의 재능을 확대하는 데 큰 기회를 제공한다. 자원봉사자는 당신이 일상적으로 하는 일을 하는 것이 아니라 자신이 흥미 있는 일을 한다.

당신이 하고 있는 회사 일 말고 다른 일에도 흥미가 있다면 그쪽 사람에게 혹시 내가 도움이 될지 물어보라. 만일 당신이 기술적으로 상당한 단계에 오르면, 미래에 필요한 자질인 발표하거나, 말하거나, 쓰는 기술을 연마하라. 이런 일을 시작하는 한 가지 방법은 당신 분야의 국가적 단체의 기술위원회에서 봉사를 하는 것이다. 이런 위원회는 종종 당신 분야의 공학표준을 제정하며, 이 분야의 전문가로부터 직접 배울 수 있는 기회이기도 하다. 예를 들어 내 분야를 보면, 미국 토목공학 학회는 몇몇 위원회에 젊은 공학자를 위한 자리를 제공하고 있고, 그 분야는 아직 당신이 잘 알지 못하는 기술표준을 배울 수 있는 자리이다.

여기서 핵심은 당신의 기술적 지식을 확장하고 보완하는 데 필요한 새로운 기술을 끊임없이 연마하라는 것이다. 나는 전략적인 측면에서의 자원봉사를 강력히 추천한다. 예를 들면, 당신의 고객이 참여하고 있는 그룹을 찾아서 그곳에서 아주 열성적인 멤버가 되는 것이다. 무엇이든지 열성적인 것은 매우 중요하다. 단순히 이력서만 제출하고 빈둥빈둥한다면 자원봉사에서 얻을 수 있는 것이 없다.

가장 특별한 자원봉사는 비영리단체 이사회의 이사로 활동하는 것이다. 이런 이사회는 대부분 상당한 인맥을 가지고 있고, 지역 사회에서 영향력이 있는 사람들이 많다. 이런 자원봉사가 없다면 만날 수 없는 사람들이다. 따라서 당신이 이런 자리에 신경을 써야 한다. 만일 당신이 단순한 회원이 아니라 자원봉사를 통하여 이루고자 하는 의제나 안건이 있다면, 목적은 분명해진다. 이런 자원봉사는 당신에게 다양한 기술을 개발시키고, 재무에 대한 통찰력도 발전시키고, 강연과

합의에 대한 기술도 발전시킨다. 어떤 단체가 나에게 적합한지 몇 군데 시험 삼아 활동하는 것을 두려워하지 마라. 나는 당신이 흥미 있는 분야의 전문적 위원회에 가입하기를 추천한다. 내가 이것을 통하여 어떤 이득을 얻었는지 내 이야기를 하겠다.

나는 회사에서 고도의 기술적 문제를 다루는 '프로젝트 엔지니어' 역할을 하고 있었다. 나는 내 일을 즐겼지만 우리 분야의 비즈니스 영역에도 흥미가 있었다. 나는 사람들과 만나는 것을 즐겼고, 흥미롭고, 자극을 주는 개인적인 이야기에 매료되었다. 그래서 나는 미국 구조 공학 학회에서 비즈니스를 다루는 위원회에 가입했다.

당시 나는 상사와 비즈니스 측면에서 경험이 전혀 없었기에, 비즈니스에 대한 지식은 매우 부족했다. 하지만 나에게는 열정이 있었다. 나는 비록 경험은 부족하지만 열정이 있다는 지원서를 위원회에 제출했고 아슬아슬하게 위원회 멤버가 되었다.

첫 번째 위원회 전체 전화 통화 회의에서, 전문 잡지를 출간하는 데 필요한 자원봉사자를 구한다는 안내가 있었다. 어색한 침묵의 시간이 지나고, 나는 내가 하겠다고 자원했다. 사실 나는 글쓰기를 좋아했다. (이상하게도 흔히 공학자가 글 쓰는 것은 어색하다고 생각한다.) 나는 나에게 잘 맞는 일이라고 생각했다. 나는 그 일을 하면서 내가 일터에서 잃어버린 어떤 열정을 가지고 일을 떠맡았다.

1년 후에 나는 그 위원회에서 했던 일을 바탕으로 미국 공학 잡지의 공동 저자가 되었다. 그 잡지의 글쓰기라는 작은 성공은 나에게 자신감을 주었고, 다음 해에 그 공학회의 학회에서 발표하는 데 큰 자신감을 주었다. 게다가 학회에서의 첫 번째 발표는 다음 2년간 위원회의 창의성과 조정이라는 연구 주제를 발표하는 데 선행학습이 되었다. 이런 발표를 통하여 나는 인맥을 넓게 형성하고, 지역 사회의 비영리기관의 이사로 활동하는 데 큰 자신감을 얻었다.

그런 도미노 효과로 나는 최초의 위원회 여성위원장이 되었다. 그 위원회에서의 경험은 내가 직장과 학회에서 토의를 하거나 발표할 때 자신감을 갖게 했다. 게다가 그 경험은 내가 추진하는 프로젝트를 관리하는 데 있어서 한 단계 도약을 가져왔다. 만일 내가 자격은 없지만, 흥미를 가진 분야에 자원봉사를 하겠다는 용기가 없었다면 결코 일어날 수 없는 일이었다. 봉사는 큰 만족으로 돌아왔고, 별 볼 일 없이 빈둥빈둥하던 나에게 스스로 장점을 발전시킬 기회를 주었다. 당신도 봉사를 하고 베풀면서 나와 같을 일이 생길 수 있다.

○

요점

8

이제 당신은 리더의 마음가짐과 전략에 대해 알게 되었다. 당신 자신의 강점과 약점을 이해한다. 당신은 최고의 자리에 도달하기 위해 자신의 장점을 어떻게 활용하는 것이 좋을지 생각할 것이다. 1장에서 어떻게 자신의 성공을 규정하고 경력을 쌓아 가는지 보여주었다. 이런 기본 도구들을 가지고 이제는 어떻게 당신의 기술적 지식을 발전시켜야 하는지 배울 시간이다. 2장에서는 공학적 전문가가 되기 위해서 1장에서 개발했던 성공의 마음가짐을 사용하게 될 것이다.

더 고민하기

1. **성공의 정의**: 다음의 질문에 답을 써라. 당신에게 어울리는 성공은? 당신에게 '최고의 날'은 어떤 것인지 생각하라. 당신은 어디에서 살기를 원하는가? 무슨 일을 하고 싶은가?

2. **웰빙**: 자신의 생활 상태를 개선하기 위해 필요한 특정한 행동 세 가지를 지금 당장 작성하라. 예를 들면, 점심 후 15분 걷기, 매일 15분 명상하기, 15분간 감사 편지 쓰기. 당장 오늘부터 위의 예 한 가지라도 매일 실천하라. 만일 세 가지를 다 할 수 있으면 더욱 좋다.

3. **베풀기**: 당신이 당장 할 수 있는 자원봉사 일 세 가지를 적어보라. 지금 당장 이것을 할 필요는 없다. 2장에서 이 문제를 다시 다룰 것이다.

chapter 2

전문가가 되기

1장에서 나는 성공적인 공학자가 되기 위한 마음가짐에 대하여 이야기했다. 2장에서는 어떻게 공학 전문가가 되는가에 대해 알려줄 것이다. 왜 전문가가 되어야 하는가? 전문가가 되면 자신이 규정한 성공을 달성하는 데 자유로울 수 있다. 전문가는 다양한 옵션을 가진다. 그들은 추종자가 많은 리더가 된다. 또한 전문가는 자기 자신을 위해서 일할 수 있다. 만일 그들이 다른 사람을 위한 일을 하고자 한다면, 그들은 큰 보상과 융통성 있는 일정과 같은 혜택을 협상할 수 있는 영향력을 가지고 있다. 전문가가 되면 자신이 꿈꾸던 경력을 쌓을 수 있다. 이제 당신은 전문가가 되면 자신이 꿈꿔왔던 삶을 살면서 세상에 큰 영향을 미치는 일을 한다는 것에 흥분이 되는가? 그럼 이 책을 계속 읽자.

전문가가 되기 위해서 일류 회사에서 일을 해야 한다는 믿음은 신화일 뿐이다. 그것이 신화라면, 도대체 어떻게 해야 전문가가 되는가? 전문가는 세 가지 원리를 통해서 이루어진다. 기술적 지식, 지식을 남에게 전달하는 소통 능력, 그리고 지속적인 배움이다.

한 분야에 엄청난 지식을 쌓는 것이 전문가가 되기 위한 가장 기본적인 요구사항인가? 나는 이런 믿음은 틀렸으며 무엇이 옳은지 알려주겠다.

전문가는 자신을 의심하는 순간이 없다고 생각하는가? 왜 스스로를 의심해야 하고, 그것을 어떻게 극복하는지 알려주겠다.

성의 차이는 경력을 쌓거나 전문가가 되는 과정과 아무 연관이 없는가? 나는 과학적 연구가 뒷받침된 연구 결과를 통하여 성적 편견이 어떻게 인식되는지, 그리고 이것을 어떻게 해결하는지 보여주겠다.

기술적 전문가에 대한 인식

기술 관련 회사의 소프트웨어 중견공학자였던 버타니 브론트는 신입사원 면접을 하고 있었다. 그런데 그 지원자는 그녀가 입사를 결정하는 위치에 있다는 사실을 알고 있음에도 불구하고 인터뷰에서 불성실했다. 그녀는 일의 책임감과 일에 필요한 기술에 관한 대화를 하려고 애를 썼지만, 그 지원자는 '건방진 언사'로 일관했다. 인터뷰가 끝나고, 회사의 다른 여성 고위 공학자에게 이 일을 말했더니, 그녀가 말하기를 그 지원자는 자신에게도 그렇게 대했다고 말했다.

이런 상황이니 그 지원자는 탈락될 상황이었다. 하지만, 그들은 일에 필요한 기술을 인터뷰할 수 있는 남성 공학자를 면접에 참여시켰다. 이후에 무슨 일이 벌어졌는지, 《디 애틀랜틱》 잡지에 잘 기술되어 있다.

남성 공학자가 인터뷰에 참석하자, 그 지원자의 얼굴이 다소 변했다. "나는 바로 전에 무슨 일이 일어났는지는 몰랐어요. 단지 거기에 갔었고, 나는 처음 왔다고 했지요. 그 지원자는 말하기를 내가 그곳에 참석해서 기쁘다고 했어요."

경쟁력은 기술적 능력만을 의미하지 않는다. 이것은 전문 영역에서 다른 사람에게 어떻게 평가받는가 하는 점이다. 여성 공학자는 신입 사원일 때 불리함을 안고 시작한다. 왜냐하면 사회적 조건들이 여성 공학자의 '이상적인 모습'을 기대하기 때문이다. 예를 들면, 당신은 당신이 비서처럼 보인다는 첫인상을 극복해야 한다. 나처럼, 당신도 회의록을 작성하고, 커피 심부름을 하라고 요구받을 것이다. 앞에 본 브론트가 한눈에 발견했듯이, 당신은 다른 사람들에게 자신은 채용된 사람이라는 점을 '증명'해야 한다.

기술적 경쟁력은 어떻게 확립할까? 다음에 보여주는 네 가지 단순한 도구를 가지고 당신은 최대의 업적을 쌓을 수 있다. 이 네 가지 도구를 활용하면 전문가가 되는 데 큰 도움이 될 것이며 또한 다른 사람이 당신의 성공을 돕고자 할 것이다. 왜냐하면, 당신의 성공이 바로 그들의 성공도 되기 때문이다.

네 가지 도구는 바로 '교차 교육 훈련'(cross-training), '호기심', '도움 청하기', 그리고 '자격증 따기'이다. 이제 이 도구들이 어떻게 전문가가 되는 데 사용되는지 보여주겠다.

도구 #1: 교차 교육 훈련

당신이 속한 산업의 다양한 측면을 가능한 많이 배워라. 공학 이외에 마케팅, 판매, 그리고 비즈니스의 기본 같은 것. 당신의 주요 고객의 기본적인 정보를 알려고 노력하라. 당신 고객의 문제점을 해결하기 위한 문제를 알기 위해 애써라. 회사의 여러 부서에서 골고루 일하기를 요청하고, 다양한 프로젝트에 참여해 달라고 요청하라. 그리하면 당신은 당신이 속한 산업과 회사를 연결하는 모든 요소들을 배우게 될 것이다.

회사의 임원이 되는 가능성은 교차 교육 훈련을 통하여 급격하게 증가한다. 소셜네트워크 서비스업체 '링크드인'의 회사 임원 조사(459,000개의 회사를 대상으로 함)에 따르면 교차 교육 훈련은 3년간의 추가적인 경험(직위, 봉급, 이익)에 해당한다고 했다. 네 군데 이상의 교차 교육 훈련을 받은 사람은 비록 MBA 학위는 없지만 MBA 학위자만큼의 급여를 받는다고 했다. 만일 당신이 최고 경영자가 되고 싶다면, 교차 교육 훈련은 당신의 성공에 결정적인 요인으로 중요한 경험을 제공할 것이다.

핵심은 당신의 고객을 잘 이해하는 것이다. 공학자는 문제를 해결하는 사람이다. 하지만 가끔 우리는 문제를 해결하지 못한다.

문제를 해결할 때는 고객 입장에서 접근해야 한다. 만일 당신이 당신 고객과 자주 의견을 교환하지 않는다면, 자신의 산업을 제대로 이해하기 어렵다. 나는 종종 자신의 고객이 누구인지조차 알지 못하는 공학자를 보면 깜짝 놀란다. 고객을 이해하고, 그들의 요구를 잘 이해하기 위해서는 아래와 같은 질문을 해 보라.

- 왜 당신은 이런 제품이나 서비스를 구입하나요?
- 이 제품이나 서비스를 개선하려면 무엇이 필요한가요?
- 이 제품이나 서비스를 가지고 사업을 하는 데 있어 가장 어려운 점은 무엇인가요?

당신의 고객을 잘 이해한다는 것은 자신의 일의 목적과 자신 내부의 목적이 잘 일치하도록 도와준다. 1장에서 보았듯이, 종종 마술 같은 일이 벌어진다. 이쯤 되면 일은 더 이상 일이 아니다. 우리는 일이 아니라 임무를 만족시키기 위한 임무를 수행하는 것이다. 우리는 우리의 일을 '판매'하는 것이 아니다. 단지 우리 조직에서 여러 사람의 힘을 합치는 것이다.

도구 #2: 호기심

호기심은 문제 해결에 필요한 요소이다. 호기심은 경쟁력을 확립하는 데 핵심적인 도구이다. 우리는 공학 문제를 해결하는 데 있어 상세하게 문제를 파 들어가기 전에 '왜'라는 것을 생각해야 한다. 공학자들은 종종 잡초 같은 끈질김을 즐긴다. 계산하는 것을 즐기고, 상세한 부분까지 파헤친다. 프로젝트를 시작하면서 문제에 집중할 때, 얼마나 빨리 시간이 지나갔는지 모를 때가 얼마나 많이 있었나? 당신이 나와 같다면, 이런 일은 일상적이다.

하지만, 이를 고려해 보자. 만일 당신이 잘못된 질문에 답을 하려고 온통 시간을 쏟고 있다고 해 보자. 당신은 거기에 소비한 시간을 되돌릴 수 없다. 당신은 시간을 낭비한 것으로 여기는가? 나는 아니라고 생각한다. 올바른 질문을 요구하라. 그래야만 고객이 가장 원하는 문제를 해결하는 데 당신의 에너지를 전부 쏟을 수 있다. 바로 이 점이 빠른 시간에 당신을 전문가로 성장시키는 열쇠가 된다.

내 분야에서, 어떤 고객은 종종 단순해 보이는 질문을 한다. 하지만 많은 경우에, 그것은 올바른 질문이 아니었다. 그것은 진짜 문제라기보다는 하나의 증상을 보여주는 질문이었다.

어떤 사람이 당신 앞에서 넘어졌다고 하자. 그는 자신의 등에서 피가 흐르는 것을 눈치채고, 나에게 반창고를 달라고 했다. 그는 자신의 등을 볼 수가 없다. 그가 아는 것은 등에서 피가 흐르고, 통증은 견딜 만하다는 것이다. 하지만, 당신은 그 사람의 등을 볼 수가 있고, 상처는 꽤 심해서 병원에 가서 꿰맬 정도였다. 당신은 그에게 반창고를 줄 것인가, 아니면 병원에 데려갈 것인가? 이런 순간에 종종 공학자들은 단지 반창고만 건넨다.

최근 내가 건물 계약자와 나눈 대화를 소개한다. 그는 나에게 "콘크리트 린텔 대신에 강철 린텔을 사용할 수 있나요?"라고 물었다. 린텔(Lintel)은 문 위에 설치한 빔으로서 문이 열릴 때 벽을 잡아주는 역할을 한다.

나는 잠시 생각을 했다. 나는 이미 내가 설계한 콘크리트 린텔을 강철 린텔로 바꿀 생각이 없었다. 기존의 콘크리트 설계는 하중 계산의 관점에서 아무 문제가 없었다. 게다가 벽 또한 콘크리트라서, 거기에 콘크리트 린텔을 사용하는 것은 매우 합리적이었다. 잠시 판단을 멈추고, 나는 그에게 다음과 같이 물었다. "왜 그런 질문을 했나요? 난 이해가 안 됩니다."

그 건물계약자는 만일 강철 린텔을 사용하고 설치 장소를 몇 인치 옆으로 옮기면 비용을 절약할 수 있다고 했다. 그렇게 하면 새로운 린텔을 설치하기 위해서 벽을 뚫을 필요가 없어진다고 했다. 게다가 콘크리트가 굳는 시간 – 보통 3일에서 7일이 걸린다 – 까지 절약할 수 있고 공사 일정을 앞당길 수 있다고 했다. 때문에 조금 비싼 강철 린텔을 사용하는 추가 비용보다 공사 일정을 앞당기는 것이 보다 경제적이라고 말했다. 말할 필요도 없이, 나는 강철로 변경했다.

만일 그 질문에 감추어진 '왜'라는 것을 묻지 않았다면, 더 좋은 해결책은 나오지 못했을 것이다. 만일 내가 설계는 완벽하므로 설계 변경은 필요 없다고 주장하고, 그 계약자는 새로운 설계가 필요하다고 주장했다면 그저 논쟁만 있었을 것이다. 그러면 우리 두 사람은 서로에 대한 긍정적인 감정에서 점점 멀어졌을 것이다. 왜 서로의 감정이 중요한가? 사람들이 공학자를 고용하는 것은 그를 신뢰하고 좋아하기 때문이다. 만일 당신이 고객의 요구를 이해할 충분한 시간을 가지지 못한다면, 고객과 좋은 관계를 유지하는 것은 어렵다.

호기심은 또한 직장 내부의 고객인 당신의 상사에게도 적용할 수 있다. 만일 당신의 상관이 당신이 질문한 문제에 대하여 "이건 우리가 쭉 해왔던 방식이야" 또는 "내 경험에 비추어 본 거야"라고 대답한다면, 당신은 '왜일까'라는 점을 이해할 때까지 다시 물어보라. 비록 경험에 의한 것이라 할지라도 직접 증거를 보여 달라고 해라. 이렇게 말해 보라. "나는 왜 이렇게 해야 하는지 이해를 못했으니 당신의 경험을 좀 더 자세하게 이야기해 주십시오."

어느 때가 되면 당신 또한 지금 배우는 것을 다른 누구를 가르치는 데 사용하게 될 것이다. 만일 당신이 리더가 되고자 한다면, 가르치고 멘토링 하는 것은 미래의 책임에 핵심적인 부분이 될 것이다. 만일 당신이 '왜 그런지' 이해하지 못했다면, 어떻게 다른 사람을 가르치겠는가?

아주 복잡한 질문을 할 필요는 없다. 마치 신문기자같이 질문하라. 누가, 무엇을, 어디서, 언제, 왜, 그리고 어떻게. 그리고 "나에게 더 많은 내용을 이야기해"라고 하면 된다. 당신이 똑똑하거나 당신의 의견이 옳다는 것을 '증명'하기 위한 질문은 하지 마라.

한나 아이남의 저서 『진실에 대한 초조함(Wired For Authenticity)』에서, 그녀는 왜 기본적인 질문이 중요한지 설명했다. 그녀는 '리더십 전환 주식회사' 설립자이고 포춘 500대 기업의 최고 경영자였다. 그녀는 다음과 같이 말했다.

"내가 좀 멍청하고 질문이 짧을수록, 나는 더 많이 배웠다. 이런 멍청한 질문을 통하여 내가 발견한 것은 그럴수록 사람들은 좀 더 깊이 있는 답변을 주었다는 것이다. 그것은 내 자신의 관점에 관심을 갖는 것이 아니었다. 중요한 점은 다른 사람의 관점에 관한 것이었고, 그들을 자극시키는 것이 무엇인지를 파악하는 것이었다."

오늘 다음과 같은 '멍청한' 질문을 해 보라.

- 이것이 왜 중요합니까?
- 성공은 어떤 모습인가요?
- 당신이 기대하는 것은 무엇입니까?

호기심은 궁극적으로 배우고 성장하는 능력을 길러줄 뿐만 아니라 다른 사람을 이해하고 영향력을 줄 수 있는 능력도 길러준다. 당신이 하는 일과 당신 고객이 하는 일에 숨어 있는 이유를 깊게 파고들면, 혁신적인 아이디어가 떠오를 것이다. 호기심은 또한 다른 사람의 목소리에 귀기울이게 하고, 상대방의 이해를 돕는다. 그 결과 당신은 신뢰를 쌓는데, 그 신뢰는 당신이 성공적인 리더로 성장하는 데 매우 중요한 요소이다.

도구 #3: 도움 청하기

세 번째 도구는 '도움 청하기'이다. 우리는 다음의 속담을 잘 알고 있다. "구하라, 그러면 얻을 것이다." 하지만 대부분의 공학자는 도움을 청하는 데 애를 먹는다. 대부분 도움 없이도 잘할 수 있으며, 스스로 할 수 있다는 것을 증명해야 한다고 생각한다. 심지어 우리는 도움을 청하는 것은 자신이 약하다는 것을 보여주는 신호라고 여긴다.

하지만, 실제로 도움을 청하는 것은 다른 효과를 가져온다. 과학적으로 증명된 사실이고, "벤 프랭클린 효과"라고 알려진 것이다. 바로 벤저민 프랭클린 이야기다. 그의 자서전을 보면, 그가 어떻게 자신을 싫어하는 사람을 친구로 만들었는지 잘 나와 있다. 그는 싫어하는 사람에게 책을 한 권 빌려달라고 도움을 청했다. 책을 받아서 일주일 후에 다시 돌려주면서 감사 편지를 함께 보냈다. 이 일로 두 사람은 평생 친구가 되었다.

어떤 사람에게 도움을 청하는 것은 그에 대한 찬사이다. 즉 존경과 칭찬을 표현하는 한 가지 방식이다. 우리가 어떤 사람에게 도움을 청한다는 것은 내가 가지지 못한 지식이나 기술을 그 사람이 가지고 있다는 것을 의미한다. 따라서 그들은 기꺼이 우리를 도울 의지가 생긴다. 이것을 한번 생각해 보라. 어떤 사람이 어떤 주제에 대하여 당신에게 의견을 구할 때, 당신의 기분은 어떤가? 당신을 칭찬하는 그런 기회를 즐길 것이다. 그리고 그 사람을 더욱 좋아할 것이다. 어떤 사람에게 조언을 하는 것은 기분 좋은 감정이다. 그리고 그 감정은 바로 도움을 요청하는 그 사람과 연관되는 것이다.

만일 당신이 나와 비슷한 사람이라면, 아마도 도움을 청하는 데 어려움이 있을 것이다. 하지만 여기 이 곤란을 해결할 수 있는 몇 가지 방법이 있다.

- 동료에게 빌딩 건설 코드의 참고문헌을 찾는 데 도움을 줄 수 있는지 물어보라.
- 당신 회사의 전문가를 찾아보고, 그 사람의 전문 지식을 배우고 싶다고 도움을 청하라.

- 같이 일하는 동료의 지식을 배우고 싶다고 청하라. 이런 것은 점심시간에 상사들과 식사를 하면서 그들이 초보 공학자들에게 해주었던 조언이 어떤 것인지 물어보라.
- 내가 어려움을 겪고 있는 문제를 상사들은 어떤 방식으로 접근할 것인지 물어보라.

또 다른 형식의 도움은 행동으로 보여주는 피드백이다. 남성들이 주도하고 있는 산업에서 피드백을 요청하기는 어려운 일이다. 남성들은 비공식적으로 끊임없이 피드백을 주고받는다. 그들은 손바닥을 마주치거나 등을 두드리면서 "존, 오늘 발표 좋았어" 또는 "너 오늘 핵심을 제대로 짚었더라" 하며 피드백을 준다. 하지만 여성은 이런 방식의 피드백을 받지도, 주지도 못한다.

성별을 떠나 모두 여성에게 피드백을 주는 것을 약간 어려워한다. 잘못하면 여성의 감정을 건드려서 그녀가 감정적이 되거나 울 수 있다고 두려워한다. 〈직장에서의 여성 조사〉라는 보고서에서 34,000명의 직장인을 대상으로 고위직에 진출한 여성을 조사해보니, 자신의 능력 발전에 도움이 되는 피드백을 받은 여성이 남성에 비해 20퍼센트 더 적다는 결과가 나왔다. 또한 조사 대상 관리자의 43퍼센트는 여성에게 피드백을 주는 것이 마음을 상하게 하는 것이라고 생각해서 피드백을 주지 않았고, 16퍼센트는 여성에게 피드백을 주면 감정적으로 폭발할 것 같아서 주지 않았다고 했다.

이것이 의미하는 바는 당신이 피드백을 받기 전에 기회만 된다면 피드백을 달라고 먼저 요청을 하라는 것이다. 하지만 개인적인 상황에서는 피드백을 받는 것은 피하라. 만일 당신이 방어적이라면, 한 번 피드백을 준 사람은 다시는 피드백을 주지 않을 것이다. 피드백은 사람을 공격하는 것이 아니다. 피드백은 배우고, 성장하는 방식이다. 피드백은 다른 사람이 당신을 어떻게 인식하고 있는지 알게 한다. 또한 이것은 장기적으로 자신의 경력을 쌓는 데 매우 결정적인 요소이다. 자기가 자신의 모습을 인식하는 것과 다른 사람이 당신의 모습을 인식하는 것에는 차이가 존재한다. 다른 사람에게 어떤 모습으로 인식되는 게 싫은가? 그렇다면, 바꾸어야 한다. 당신이 이 점을 인식하지 못하면, 절대 바뀔 수 없다.

당신이 프로 야구선수라고 가정하자. 당신은 코치에게 1년에 1~2회 정도 내가 고칠 점이 무엇인지 물을 것인가? 물론 아닐 것이다. 당신은 스스로 타격연습, 수비연습을 하면서 자신이 최고의 선수라고 생각하는가? 그리고 1년 후에 검토과정에서 그 연습이 잘못되었다고 지적받고 싶은가? 그런 일은 정말 어처구니없지 않은가? 이것이 바로 많은 공학자들이 평소에 피드백을 요청하지 않고, 1년에 한 번 업적 평가회의에서 피드백을 받는 것과 유사하다.

나는 단지 초보 공학자이고, 나에게 피드백을 주는 것은 다른 사람의 책임이라고 생각할 수도 있다. 당신은 당신이 피드백이 필요할 때 상관은 당연히 피드백을 주겠지 하고 생각할 것이다. 현실에서 그런 일은 잘 일어나지 않는다. 왜냐하면 대부분의 공학자는 피드백을 주거나 받거나 하는 것을 불편해한다. 만일 당신이 피드백을 달라고 요청하지 않으면, 당신은 공학적 전문가로 성장하는 데 있어 부족한 점이 무엇인지 결코 알지 못한다.

만일 피드백이 자연스럽게 오지 않는다면, 우리는 어떻게 피드백을 요청해야 할까? 즉각적으로 피드백을 받을 수 있는 몇 가지 시나리오를 살펴보자.

- 당신이 회사에서 어떤 발표를 막 끝냈다고 하면 이렇게 말하라. "내가 다음에 발표를 더 잘하려면 어떻게 해야 하는지 의견을 좀 주시면 감사하겠습니다. 내가 고칠 것을 한 가지만 말씀해 주시길 바랍니다."
- 당신이 고객과 당신의 상사와 함께 어려운 질문이 오고간 미팅을 끝냈다고 하자. 상사와 함께 주차장으로 걸어가면서 물어라. "오늘 미팅은 어땠나요? 다음 미팅에 더 잘 답변하려면 무엇을 고쳐야 하나요?"
- 당신이 다양한 전공의 공학자와 한 팀으로 일하고 있다고 하자. 아침에 커피를 가지러 가다가 어떤 사람과 마주쳤다면 이렇게 말하라. "안녕하세요. 저는 더 발전하려면 어떻게 해야 하나 고민하고 있었어요. 다른 사람들과 잘 지내기 위해 필요한 조언 하나 해주시겠어요?" 만일 그들이 "아니요, 모든 것이 좋아요" 하면서 빙그레 웃으면 다음과 같이 말하라. "내가 잘하고 있다고요? 난 그렇게 생각하지 않습니다. 분명히 당신은 나에게 도움이 되는 조언 하나는 할 수 있을 거예요. 당신의 피드백을 감사하게 생각할게요." 그리고 그가 당신에게 유용한 정보를 줄 때까지 조용히 기다려라.

도구 #4: 자격증 따기

당신의 사업 영역에서 어떤 종류의 자격증이나 면허가 있는가? 당신은 새로운 자격증이 필요한 첨단 분야에서 일을 하는나? 당신이 전문가가 되고 싶다면, 해당 분야의 핵심적인 자격증을 따야 한다. 대부분의 공학자에게 중요한 자격증은 직업적인 공학자(professional engineer), 즉 PE 자격증(주: PE는 미국 공학자 자격증이고, 한국의 기사 자격증과 유사하다)이다. 왜 이 자격증이 필요한가? 이 자격증은 당신에게 기회를 부여한다. 앞에서도 말했듯이, 전문가가 되는 것은 다양한 기회를 갖기 때문에 당신의 경력을 쌓는 데 다양한 기회의 문이 열려 있는 것이다. 공학자로 훈련받는 과정에서 자격증이 있는 공학자가 최종 도면을 확인하고 결재를 한다. 이것은 PE 자격증이 있는 공학자는 자격증이 없는 공학자보다 월급도 많이 받고 그런 공학자를 찾는 수요도 많다는 것을 의미한다.

나의 전공인 구조 공학 분야에서, PE 자격증은 높은 지위로 승진하는 데 필수적이다. 이것은 젊은 공학자를 관리할 때, 존경받는 멘토가 될 때, 그리고 학회에서 발표를 할 때 필수적인 출입문이다. 자격증이 없는 사람들에게는 닫혀 있고, 자격증이 있는 사람에게는 열려 있다. 게다가 우리 분야에서 이것은 표준이다. 만일 어떤 공학자가 대학을 졸업한지 6년 정도 지났는데 PE 자격시험을 준비하지 않는다면, 대부분 그를 의심스럽게 쳐다볼 것이다.

나도 어떤 일자리에 지원했다가 탈락했는데, 그 회사는 PE 자격증이 있는 사람이 필요하다고 했다. PE 자격증을 따는 것은 당신을 자격증이 없는 사람보다 한 차원 높은 경지로 이끌 것이다.

당신이 자격이 되면 바로 PE 시험을 응시하라. 제출 서류에는 당신이 그동안 수행한 프로젝트와 그에 따른 설명문, 그리고 수행한 공학적 계산 자료가 필요하다. 준비하는 데 시간이 꽤 걸린다. 따라서 일을 시작하면서 이런 자료들을 잘 모아두어라. 그러면 시험 준비 시간을 절약할 수 있을 것이다. 자격증 취득에 관한 제출서류 및 시험은 지역마다 다르기 때문에, 해당되는 주(미국)의 요구사항을 잘 살펴서 준비를 하라.

이 시험을 통과하기 위해선 다양한 공학적 지식이 필요하다. 만일 당신이 입사 초기에 하던 설계와 계산을 3년 후에도 반복한다면, 상사에게 가서 다른 종류의 일이 필요하다고 논의하라. 물론 그것이 상사의 입장에서 가능한 경우라면 말이다. 또한 당신은 자신이 하는 일 이외의 영역에서도 새로운 경험을 얻기 위해 시간을 쓸 줄 알아야 한다. 앞서 이야기한 교차 교육 훈련이 생각나는가? 교차 교육 훈련의 성과는 바로 당신이 공학 전문가로 도약이 시작된다는 점이다.

내 경험을 이야기하면, 나는 PE 자격증을 가능한 빨리 따고 싶었다. 특별히 나는 아이가 생기기 전에 PE 시험을 치르고 싶었다. 왜냐하면 PE 시험은 많은 준비시간을 요했다. 초반에 충분히 준비하지 않으면 시험에 붙기 어려웠다. 아이가 생기면 아이 돌보느라 시험 준비가 소홀할 것으로 예상되었기에, 서둘러 시험 준비를 했다. 하지만 시험을 서두르는 것이 항상 옳은 것은 아니며, 내 경우에는 불가피했다.

나는 운이 좋게도 시험에 나오는 다양한 공학 분야를 대부분 경험했다는 장점이 있었지만, 어쨌든 오늘날에도 이 시험은 많은 준비가 필요하다. 2017년 자료를 보니, 1차에 합격하는 사람은 68퍼센트 정도이고, 두 번째나 그 이상 시험을 봐서 합격하는 사람은 44퍼센트 정도이다. 높지 않은 합격률이다.

다른 종류의 자격증은 자신의 분야와 흥미에 따라 다르다. 나는 프로젝트 관리부터 지속 가능 공학까지 다양한 자격증을 갖고 있는 공학자들을 알고 있다.

추가적인 대학 학위 또한 도움이 된다. 어떤 공학 영역은 석사학위 이상을 요구한다. 또한 당신이 대학에서 강의를 하고자 한다면 석사학위 이상이 필요하다. 당신이 비즈니스 측면에도 관심이 있다면 MBA 과정 또한 도움이 된다.

자격증에 관해서 분명히 해두자. 자격증 그 자체가 당신의 전문가 경력을 쌓는 데 즉각적인 보장을 하지는 않는다. 어떤 자격증은 높은 봉급을 받는 데 기여를 하지 못한다. 다만 그것은 당신이 전문가로 나아가는 출입문 역할을 한다. 그 출입문은 더 많은 봉급, 더 높은 지위, 그리고 성공 가능성을 위한 것이다. 그것 없이는 당신의 산업 영역에서 능력 발휘는 제한을 받을 것이다.

하지만 예외가 없는 일은 없다. 우리는 종종 신문이나 방송에서 대학을 중퇴하고, 어떤 자격증도 없이 성공한 사람들의 이야기를 가끔 듣는다. 하지만, 당신이 나와 같은 평범한 사람이라면, 가능한 빨리 전문가의 길에 들어서기 위해 자격증을 따는 것이 바람직하다.

도구들을 함께 활용하기: 당신에게 꼭 맞는 자리를 찾아라

당신에게 적합한 자리를 찾는 것이 바로 우리가 배운 네 가지 도구인 교차 교육 훈련, 호기심, 도움 청하기, 자격증 따기가 효력을 발휘하는 것이다. 그 자리에서 당신의 문제 해결 능력은 당신의 강점, 가치 그리고 흥미와 만나는 것이다.

교차 교육 훈련은 당신이 하는 공학적 일에서 다양한 영역을 배울 수 있는 능력을 부여한다. 신입 공학자는 자신의 능력이 어느 곳에 적합한지 잘 알지 못한다. 어쨌든 그 문제는 놔두자. 하지만 교차 교육 훈련을 할 때 호기심을 활용하자. 그리고 피드백과 조언을 얻을 때는 도움 청하기를 활용하자. 당신의 전문가 영역에 필요한 자격증을 따자.

이런 도구들을 실제로 어떻게 적용할까? 당신의 흥미를 끄는 일이나 자원봉사 활동을 찾아보자. 직장 내부 동료들을 위한 기술적 작업 안내서를 만들거나, 다른 사람들이 사용하기 쉽게 계산표를 만들거나, 회사 블로그를 만들거나, 발표를 통한 마케팅 부서 돕기 같은 일이다. 회사를 위해 어떤 일이든 해서 당신 회사에서 어울리기 편한 사람으로 두각을 나타내어라. 아마 당신은 회사에서 존재 가치가 높은 사람으로 인식되고, 지금껏 이야기한 전문가가 가질 수 있는 다양한 선택을 얻을 수 있는 영향력을 갖게 된다.

대학교를 갓 졸업해 아직도 자신에게 맞는 자리를 찾는 데 어려움이 있는가? "나는 아는 게 별로 없어요"라고 자기 스스로를 생각할지 모른다. 하지만 당신의 생각은 틀렸다. 기술부터 시작을 해 보자.

막 졸업한 공학자는 최신 기술에 해박하지만, 경험 많은 공학자는 최신 정보에 둔감하다. 당신은 젊은 공학자로서, 새로운 소프트웨어를 가지고 공학 문제를 어떻게 새롭게 푸는지 경험 많은 회사 동료들에게 가르칠 수 있다.

다음으로 할 것은, 기술과 관련된 위원회에 가입하는 것이다. 앞의 1장에서 내 이야기를 했듯이, 전문가가 된 다음에 위원회에 가입해야 한다는 말은 신화일 뿐이다. 만일 당신이 열심히, 적극적으로 일할 의지가 있고, 위원회에서 기여를 하겠다고 하면, 비록 전문가는 아닐지라도 특정한 영역에서 열정과 흥미를 가진 젊은 공학자를 반갑게 맞이할 곳은 많이 있다.

앞서 이야기했듯이, 교차 교육 훈련은 당신이 전문가가 되는 결정적인 요소이다. 왜냐하면 당신이 다양한 분야를 직접 경험하면 할수록, 당신은 자신의 경쟁력과 호기심을 만족시킬 수 있는 영역을 찾을 것이다. 당신이 자신이 하는 일에 마음이 없다면, 당신의 고객, 동료, 그리고 당신의 상사는 그것을 눈치챌 것이다.

경쟁력 + 흥미 = 성공

무엇이 훌륭한 공학자를 만드는가?

이제 당신은 전문가가 되는 길에 서 있다. 하지만 당신의 공학적 잠재력을 마음껏 펼치는 데 장애가 되는 많은 위험들이 있다.

이제 다시 한번 뒤를 돌아보자. 과연 무엇이 훌륭한 공학자를 만드는가?

답을 이야기하면 당신은 놀랄 것이다. 일반인들이 생각하는 훌륭한 공학자와 실제로 일을 잘하는 훌륭한 공학자와는 차이가 있다. 공학을 전공하지 않은 친구에게 그가 생각하는 훌륭한 공학자는 어떤 사람인지 물어보라. "공학자는 우선 똑똑하고, 수학을 잘하고, 공정에 대하여 상세하게 알고 그 분야만 생각하는 사람"이라고 할 것이다. 사람들은 빌 게이츠나 마크 저커버그를 연상할 것이다. 다른 의견은 "기술적으로 뛰어나고 분석적 두뇌를 가진 사람"이라고 할 것이다. 또는 공학자는 세상을 더 나은 곳으로 만드는 데 기여하는 사람이라고 할 것이다.

하지만, 실제로 공학자를 고용하고 함께 일하는 사람에게 물어보면 답은 다소 다르다. 아마 이렇게 말할 것이다.

- 기술적으로 경쟁력이 있는 사람
- 혁신적인 사람
- 아이디어나 개념을 조절할 수 있는 유연성을 가지고 있는 사람
- 남과 협동을 잘하는 사람
- 고객의 요구를 잘 이해하는 사람
- 마감 날짜를 잘 지키는 사람
- 문제 해결 능력이 있는 사람
- 기술적 개념을 남에게 잘 설명할 수 있는 사람
- 건설적인 피드백을 잘하는 사람

성공적인 공학자가 되기 위해서는 당연히 기술적으로 경쟁력이 있어야 한다. 아무리 일에서 기술적으로 능력을 잘 발휘해도, 이것이 다가 아니다. 공학자의 성공은 비전문적 지식에 많이 의존한다. 상황을 잘 지각하고, 발표를 잘하는 것도 기술적 성공에 중요하다.

전문가가 되기 위해서 당신은 다른 사람의 신뢰를 받아야 한다. 어떻게 신뢰를 받는가? 이런 말이 있다. 사람들은 당신이 말한 것을 기억하는 것이 아니라 당신이 어떻게 말했는가를 기억한다. 만일 당신이 "나는 괜찮은 공학자인가요?"라고 자신 없는 목소리로 물음표를 붙이면서 말하면, 당신의 능력을 의심할 것이다. 만일 당신이 "나는 실력 있는 공학자입니다!"라고 자신 있게 말하면, 사람들은 당연히 그 말을 믿을 것이다.

당신이 '무엇을 말했는가'보다 더 중요한 것은 바로 당신이 '무엇을 하는가'이다. 당신이 한 말을 지키는 것이 중요하다. 당신이 하겠다고 말했으면, 반드시 하라. 이것이 기술적 능력보다 더욱 중요하다. 이것이 바로 당신이 진실한 사람이라는 명성을 얻게 하고, 사람들은 당신을 의지하고 신뢰할 것이다.

신뢰는 상황을 잘 판단하는 데서 출발한다. 남성과 여성은 똑같은 방식으로 어떤 것을 발표할 수 있지만, 그것을 받아들이는 방식은 다르다. 심리학적으로 보면, 우리는 무의식적으로 어떤 지위에 도달하기 위해 비슷한 행동을 하면 그것이 가능할 것이라는 믿음 때문에 리더의 자리를 두고 경쟁한다.

이런 행동을 거울반응(mirroring)이라고 부른다. 이것은 남성 공학자들이 리더의 위치에 있는 다른 남성 공학자를 모델로 따라 할 때 잘 적용된다. 하지만, 당신이 여성 공학자라면, 이런 따라 하기는 두 가지 이유로 역효과를 가져온다. 첫째, 당신은 자신의 모습이 아닌 가짜로 행동하는 것으로 보이기 때문에 오히려 신뢰를 잃게 된다. 둘째, 세상에는 남성에게는 바람직한 행동이 여성이 하면 받아들일 수 없는 것들이 있다. 만일 남성이 직장에서 소리를 지르면 그는 "보스기질이 있는" 사람이 되고, 여성이 직장에서 소리를 지르면 "감정이 예민한" 사람이 된다. 게다가 남성의 "적극적인" 행동을 여성이 하면 "강요하는" 행동이 된다.

당신이 상황을 어떻게 받아들이는가는 남성과 여성의 소통 방식의 차이점을 보여준다. 예를 들면, 남성이 "노"라고 말하면 그것은 "지금은 아니고 나중에"라고 생각한다. 하지만 여성은 "노"라고 말하면 그것은 "절대 안 돼"이다. 또한 여성은 자신의 아이디어가 반려되면 개인적인 의도로 반대한다고 여긴다. 그래서 상대방의 '노'라는 단어를 어떻게 인지하는지는 매우 중요하다. 만일 당신이 개인적으로 반대한다면 분명히 '노'라고 말하라. 그리고 단순히 아이디어를 반대한다면 개인적인 반대가 아니라 그 아이디어 자체의 문제임을 분명히하라.

어떤 문제가 발생했을 때, 남성 공학자는 바로 문제를 해결하고 싶어 한다. 하지만 여성 공학자는 좀 더 시간을 갖고 찬찬히 문제를 들여다본다. 문제는 여기서 발생한다. 만일 당신이 남성 공학자를 부하로 데리고 일할 때이다. 당신은 천천히 진행하고 싶고, 남성 공학자는 바로 처리하고자 한다. 이런 상황이 오면, 당신은 "생각나는 대로 크게 말하는 것"이 필요하다. 그래야 부하 직원인 남성 공학자는 당신의 말을 자르지 않고, 당신 의도대로 일을 진행할 수 있다.

리더는 결단력이 있어야 하고, 불완전한 정보를 가지고 지적인 결정을 내릴 능력이 필요하다. 여성들은 자신의 문제를 잘 이야기하지 않기 때문에 다소 우유부단하게 보인다. 이것이 여성 공학자가 리더로 도약하는 데 제약 조건이 된다. 여성들은 내가 최종 결정을 할 수 있다고 스스로 사람들 앞에서 이야기함으로써 이런 제약을 극복할 수 있다. 하지만 종종 적절한 결정을 내리기 위해서는 다른 사람의 의견과 충분한 정보가 모여야 하는 것이 꼭 필요하다고도 생각한다.

상황 판단을 잘 인식해야 하는 또 다른 영역은 경쟁력과 좋아함의 관계를 인식하는 것이다. 남성들은 경쟁력이 있거나 호감이 있으면 잘 지낸다. 특히 직장 임원들은 두 가지가 함께한다. 하지만 여성에게 있어서 경쟁력과 호감은 아슬아슬한 경계를 걷는다. 몇몇 심리학 연구 결과는 여성에게는 이 두 가지 특성이 반대의 상관관계를 가진다고 알려져 있다.

톰의 무례함은 종종 그가 똑똑한 공학자가 갖는 괴팍함이라고 여겨져서 용서를 받는다. 하지만 셸리는 직장에서 경쟁력과 상냥함 모두가 필요하다. 폴은 능력 있는 공학자는 아니지만, 사람들과 잘 지낸다는 이유로 환영받는다. 하지만 제인이 당신의 상사라면, 그녀는 호감은 있는데 능력이 없거나, 능력은 있는데 쌀쌀맞다고 할 것이다. 이런 평가는 공정하지 않다. 하지만 이것이 여성의 잠재력을 발휘하는 데 방해가 되는 오래된 사회적 편견이다.

셰릴 샌드버그가 쓴 『린 인(Lean In)』에서 그녀는 성공과 호감이라는 진퇴양란의 어려움을 기술하였다. 여성의 발목을 잡는 두 가지 문제의 결합에 대해 그녀의 주장은 최근 몇몇의 심리학 연구에서 증명되었다. 그녀가 인용한 이런 문제에 대한 가장 인상적인 이야기는 컬럼비아 대학에서 시행된 연구 내용이었다.

두 명의 교수가 실리콘밸리 사업가인 하이디의 벤처 투자가로서의 실제 성공담을 작성하였다. 그녀의 특성, 즉 인맥 쌓는 능력과 사람들과 잘 어울리는 성격이 성공을 가져왔다고 했다. 그런데 한 교수는 이 성공의 주인공을 그녀의 본명인 '하이디'라고 했고, 다른 교수는 '하워드'라는 남성으로 이름을 바꾸어서 기술했다.

학생들은 하이디와 하워드의 업적과 호감도를 평가했다. 성공이라는 측면에서 두 사람 모두 동등한 평가를 받았다. 그런데 하워드의 학생들은 하이디를 이기적인 사람으로 평가했고, 자신은 그런 사람 밑에서 일하지 않겠다고 했다. 남성에게 성공과 호감은 깊은 연관성이 있지만, 사람들은 성공한 여성은 그다지 좋아하지 않는다.

이상적인 여성의 전형적인 모습은 이기적이지 않고, 남을 돌보는 사람이다. 여성은 가족과 자기가 속한 공동체에 강한 유대감을 가져야 한다. 여성은 스스로 잘 보이려 해도 안 되고, 다른 사람에게 일을 시켜도 안 된다. 따라서 성공한 여성은 이런 전형적인 모습에서 벗어난 이상한 사람이다. 그래서 여성의 성공을 받아들이는 데 다소 불편해하고, 그녀의 성공을 불평한다.

그와 반대로, 우리 사회는 "A 타입" 성격의 남성에게는 편안함을 느낀다. 남성은 전통적으로 부양자였다. 그래서 남성은 야심이 커야 하고, 집안일에 신경 쓰지 않는 것이 사회적으로 용인되어 왔다. 남성은 결단력 있는 결정을 하면 존경받는다. 사람들은 이런 전형적인 모습에 잘 맞는 사람을 좋아하고, 경쟁력도 있다고 믿는다. 하지만 여성이 똑같은 방식으로 행동하면 능력이 있다고는 하지만 호감을 받지는 못한다. 다르게 표현하면, 한 사무실에 능력 있는 여성 공학자가 서너 명 있다면, 가장 호감이 안 가는 사람을 가장 능력이 있다고 할 것이다. 반대로 남성의 경우 호감도와 능력은 일치한다.

상황 판단 관리에서 가장 결정적인 요소는 당신이 할 것이라고 말한 것과 당신이 언제까지 하겠다고 말한 것을 실행하는 것이다. 이것은 사람들에게 듣기 좋은 소리만 해왔던 상황에 적응된 여성에게는 힘든 과제이다. 나 자신을 포함해서, 대부분의 여성들은 과도하게 낙관적으로 시간표를 작성하는 경향이 있다. 그런데 막상 일이 시간표보다 늦으면, 거의 죽어라 일을 하거나 기한을 연장해 달라고 요청한다. 마감 일정을 한두 번 지키지 못하면, 남자, 여자 모두 신뢰를 잃고, 경력에 오점을 남긴다.

신뢰는 한 번 잃으면 다시 회복하기 어렵다. 좋은 규칙은 약속은 적게 하고, 결과물은 많이 제공하는 것이다. 당신의 능력과 경계를 잘 파악하라. 당신은 언제든지 '노'라고 할 선택권이 있다. 만일 당신이 직장에서 '노'라고 말하는 것이 불편하다면, 당신의 상사에게 찾아가서 어느 프로젝트가 급하고, 어떤 일은 다른 사람에게 맡길 수 있는지 알아보라.

지금껏 우리는 어떻게 신뢰를 쌓고, 자신감을 갖는 것이 얼마나 중요한지에 대해 이야기해 왔다. 하지만 종종 우리는 자신만의 방식에 빠져서 자신을 의심하게 되는 경우가 있다.

이제 '가면증후군'에 대해 알아보자.

영국 밀레니엄 세대에 관한 연구 조사를 보면 여성의 40퍼센트, 남성의 22퍼센트가 자신을 가면을 쓴 사람이라고 느낀다고 한다.

또 다른 연구는 〈행동과학 국제학술지〉에 실린 내용으로, 약 70퍼센트의 사람들이 그렇게 느낀다고 했다. 세 번째 연구 결과는 이런 증상은 특히 소수 집단에서 많이 퍼져 있다고 보고했다. 성 차이, 종족의 차이, 성적 취향의 차이, 관심의 차이 등, 자신이 적합하지 않은 장소에 있다고 느끼는 사람은 가면증후군에 빠지기 쉽다.

'가면증후군'이라는 용어는 1978년 심리치료사 폴린 클랜스와 수잔 임스가 만들었다. 그들은 큰 업적을 성취한 많은 여성들도 자신을 의심하는 정도가 높은 것을 발견했다. 가면증후군이란 자신이 속해 있는 곳에 어울리지 않는다는 감정을 가지는 것이다. 이것은 나에게도 항상 일어나는 증상이며, 특히 내가 건설 현장에 있을 때 심하다. 만일 당신이 남성이고, 이런 상황을 이해하고 싶다면, 당신이 네일숍으로 걸어가고 있거나, 산부인과 병원 대기실에 있다고 생각해 보라. 자신에게 적합한 장소라는 느낌이 있는가?

만일 당신이 가면증후군으로 고통 받았다면 걱정할 것 없다. 당신은 정상이다. 많은 유명한 사람들이 자신이 가짜라는 느낌을 받았다고 수긍했다. 당신은 노벨문학상 수상자인 마야 안젤루, 영화배우 케이트 윈슬렛, 작가 존 스타인벡, 희극 배우 티나 페이, 페이스북 최고운영책임자 셰릴 샌드버그와 같은 동질감을 느끼면 된다. 만일 내가 얼마나 가면증후군에 빠져 있나 궁금하면, 폴린 클랜스의 웹사이트(www.paulineroseclance,com/imposter~phenomenon,html)를 참조하라.

가면증후군은 완벽주의자와 연관이 깊다. 그리고 이런 특징은 남성보다는 여성에게서 심하게 나타난다. 어떤 사람은 가면증후군은 위대한 사람이 되기 위한 필수 요소라고 말한다. 특히 높은 성취를 보이는 사람들이 이런 증상에 쉽게 빠지는데, 그 이유는 자신들의 기대치를 너무 높게 잡고 있기 때문이라고 보고한다.

가면증후군은 자신감이라는 주제로 많은 포럼에서 발표되었다. 하지만 남성이 주도하는 산업 현장에서 여성이라는 이유로 미묘한 반발을 경험한 나로서는, 여성이 자신감을 잃는 것은 이상적인 여성상과 어울리지 않는 여성에 대한 호전적인 반응을 보이는 작업 환경의 결과라고 믿고 있다. 여성의 자신감은 성공한 여성에 대해 어떻게 성공했는지 궁금해 하는 사람들로 인해서 점점 약화된다. 그들은 여성이 성공한 것이 일상적인 것은 아니라고 생각한다. 그들은 성공한 여성이 어떻게 일과 가정을 균형 있게 유지했는지(남성에게는 이런 질문을 하지 않는다), 자녀가 있는데도 어떻게 출장을 잘 갔다 왔는지, 또는 어떻게 해서 공학자가 되었는지(이런 질문 역시 남성에게는 하지 않는다) 궁금해 한다. 결국 이래서 성공한 여성도 그녀의 능력을 의심하기 시작한다.

〈문화의 관점〉이라는 기술, 문화, 그리고 다양성에 관한 잡지가 있다. 여기서 케이트 허스튼은 기술과 관련된 문화에 대해 자신의 경험을 이렇게 기억한다.

우리가 종종 가면증후군이라고 부르는 것은 우리 직장 환경의 실체를 반영한다. 그것은 약자에게는 자신감이 없다고 하고, 능력이 충분하지 않다고 하고, 성공할 수 없다고 말하는 것이다. 게다가 우리가 무엇을 해서 그로부터 얻은 성과는 우리가 기여한 것이 아니라고 말하는 것이다. 하지만, 아직까지 가면증후군은 개인이 해결해야 할 문제로 취급한다. 직장에 만연한 전형적인 모습을 요구하고, 차별하고, 적개심을 갖는 현실을 반영하는 것이 아니라 그것을 왜곡하고 있다.

당신에게 가면증후군을 극복할 수 있는 몇 가지 팁을 주겠다.

1. 당신이 어떤 조직에서 소속감을 느끼지 못할 때, 스스로에게 이렇게 말하라. "이건 단지 가면증후군일 뿐이야." 그렇게 소리 내서 말하면, 당신이 두려워하는 만큼의 감정 변화는 없다.

2. 준비하고, 또 준비하라. 만일 당신이 가면증후군에 빠질지 모르는 상황이 오면 미리 준비를 해 둬라. 만일 회의라면, 미리 의제를 잘 살펴보고, 누가 참석하는지 알아보고, 어떤 말을 할지 준비하라.

3. 자신을 믿어라. 나는 회의에서 자신 있게 말하는 것을 너무 어려워하는 젊은 공학자들을 많이 보았다. 하지만 나는 또한 '바보 같은 질문'을 함으로써 고객의 비용을 엄청나게 절감한 젊은 공학자의 발언을 기억한다. 누가 빨리 승진했을까? 당신만의 독특한 관점은 경험의 정도에 상관없이 중요하다.

4. 모르면 질문하라. 지난번에 '바보 같은 질문'의 한 예를 보여주

었다. 전문가라고 다 아는 게 아니다. 세계보건기구(WHO) 의
장인 찬 박사의 이야기를 들어 보자. "내가 전문가라고 생각하
는 사람들이 생각보다 엄청 많아요. 왜 사람들은 내가 다 안다
고 생각할까요? 나는 내가 모르는 것이 너무 많다는 것을 잘
알고 있어요."

이제 당신이 알아야 할 상황판단 관리 요소는 모험과 관련된 것
이다. 공학 전문가는 성공하기 위해서는 종종 모험적인 일을 해야 한
다. 그것은 새로운 실험방법을 수행하는 일일지도 모른다. 그것은 당
신이 이제까지 안주했던 안락한 위치를 떠나는 것을 의미한다. 여성
들은 어렸을 때부터 모험을 하지 말라고 교육받았다. 하지만 당신이
성장하고자 한다면, 모험은 성공의 좋은 특징이다. 성장은 본능적으
로 안락한 지역에서 외곽으로 당신을 밀어내는 것이다. 또한 그런 이
동은 전문가가 되는 데 절대적으로 필요한 것이다.

안락한 지역에서 어떻게 빠져나오는가? 새로운 것을 시도하고,
새로운 도전을 맞이하는 것이다. 당신이 어려움을 극복할 때마다 당
신의 자신감은 쌓여간다. 도전을 이겨내기 위해서는 긍정적으로 사고
하는 훈련이 필요하다. 그래야 창조적으로 문제를 해결할 수 있다. 가
능한 좋은 쪽으로 생각하라. 다른 사람을 탓하거나, 일이 되지 않은
여러 가지 이유를 대지마라.

당신의 안락한 일상에서 빠져나오는 또 다른 방법은 위험부담이
적은 모험부터 일단 해 보는 것이다. 그것은 새로운 취미를 시작하거
나, 마라톤에 도전하거나, 자원봉사를 하는 것이다. 당신이 도전을 하

면 할수록, 당신은 새로운 도전에 맞설 자신감을 가지게 된다.

성장은 선택이 아니다

당신이 전문가로 성장하는 마지막 열쇠는 지속적인 배움을 실천하는 것이다. 우리는 변화가 빠른 세상에 살고 있다. 당신은 성장하거나, 아니면 정체하고 쓸모없게 된다. 리더가 되고 싶다면 새로운 기술과 혁신에 대해서 계속 찾아보고, 새로운 것을 배워야 한다.

　배움은 기술적인 부분뿐만 아니라 소프트한 기술도 필요하다. 기술적 재능보다는 소통과 리더십 능력이 더욱 요구되는 세상이다. 공학자로서 우리는 기술적 능력이 필요하다. 하지만 당신의 공학적 재능을 비전문가(이들은 주로 돈과 연관이 있다)에게 잘 설명하지 못한다면 공학적 재능은 물거품이 된다. 이점에 대해서는 3장, 4장에서 자세히 다룬다. 다음의 8가지 실천 사항을 시도해 보라. 당신의 능력을 향상시키는 방법이다.

1. 기술위원회에서 자원봉사를 하라. 그러면 인맥도 넓어지고, 다른 분야에 대한 안목도 높아진다.

2. 당신 분야와 관련된 자격증 또는 학위를 취득하라. 어떤 분야는 석사학위 이상을 요구한다. 프로젝트 관리나 지속 가능한 성장에 대한 자격증도 있다. 어떤 회사에서는 이런 자격증 취

득에 필요한 비용을 제공하기도 한다.

3. 직장에서 오지랖 넓은 일을 경험하라. 남성들은 자신의 능력을 과도하게 높게 평가하는 경향이 있고, 여성들은 그 반대이다. 그러니 만일 당신이 흥미로운 기회가 오면, 주저 말고 그 일을 맡아라. 당신의 남성 동료(그는 자격이 안될지도 모르는데)는 자신이 할 수 있다고 말할 것이다. 이런 과제는 당신의 지식을 넓힌다.

4. 다양한 분야의 선배 공학자와 일을 하고 싶다고 요구하라. 그러면 다양한 형태의 리더십과 프로젝트를 경험할 것이다. 또한 이 경험은 어떤 리더십이 좋은지 알려 줄 것이다.

5. 만나는 사람마다 발전에 필요한 피드백을 달라고 요구하라.

6. 혁신가와 전문가를 열심히 찾아라. 그들의 글을 읽고, 자문을 구하라. 그들 대부분은 그런 요청에 흔쾌히 지식을 나누어준다.

7. 책을 읽어라. 그리고 당신 분야의 최신 트렌드와 혁신을 추구하라.

8. 마케팅, 판매 전문가와 이야기를 나누어라. 그들이 공학적 제품을 어떻게 판매하는지 배우고, 우리를 어떻게 지원하는지도 배워라.

성공의 비밀: 멘토를 찾아라

당신이 성공으로 서서히 발걸음을 옮긴다고 하자. 얼마나 빨리 당신의 목표에 도달하겠는가? 시간을 절약하려면 어떻게 해야 할까? 멘토나 옹호자를 만나서 좋은 관계를 맺는 것이 최고의 지름길이다. 이것이 성공의 잘 알려진 비밀인데, 사람들은 이것의 중요성을 간과한다. 당신의 직장에는 오래전부터 근무한 선배들이 많이 있다. 그들도 당신이 처한 어려움을 이미 겪어왔다. 그들은 그 과정에서 얻은 자신만의 교훈이 있다. 당신에게 필요한 것은 그들을 찾아내고, 그들의 전철을 따르는 것이다. 최소한 한두 명의 멘토나 옹호자와 우호적 관계를 유지하라.

멘토와 옹호자는 어떻게 역할이 다른가?

멘토는 당신에게 조언을 하는 사람이다. 멘토는 방향을 제시하지만 당신을 강력하게 지지하지는 않는다. 직장 외부에 있는 멘토가 좀 더 바람직한데, 그 이유는 제3자의 관점에서 통찰을 주기 때문이다. 직장 내의 멘토는 당신과 함께 일하기 때문에 도움이 되고, 특정한 상황이나 개인적 문제를 잘 이해하기 때문에 즉각적인 피드백을 당신에게 줄 수 있다.

한편, 옹호자는 당신에게 조언을 하고, 당신을 지지하는 사람이다. 대부분의 옹호자는 멘토에서 출발한다. 만일 당신이 그에게 도움을 주면 그는 멘토에서 옹호자로 바뀌며, 좋은 인상을 받았기 때문에 당신을 다른 사람에게 소개한다. 멘토는 요청할 수 있지만, 옹호자는 노력해서 얻는 것이다. 옹호자는 남들 모르게 당신을 승진시키거나 프로젝트에 참여하도록 한다. 그런 옹호자는 당신이 좀 더 빨리 전문가에 도달하도록 도움을 준다.

멘토나 옹호자 관계를 시작하는 공식적인 행사는 없다. 당신의 성공에 필요한 관계는 다음의 두 가지 기준을 잘 지키면 된다.

1. 관계는 쌍무적 상황이다. 1장에서 우리는 주고받기를 배웠다. 당신은 언젠가 적당한 시기가 되면 멘토나 옹호자에게 무언가 도움을 주어야 한다. 일을 할 때는 도움을 주어야 하고, 어떤 친목 모임에서는 남에게 소개를 해야 한다. 아직도 무엇을 할지 당황스러운가? 당신에게 조언을 한 사람에게 짧은 감사의 편지를 쓰고, 그 사람의 조언이 큰 힘이 되었다고 말하라.

2. 멘토와 옹호자는 당신의 성장을 위하여 솔직한 피드백을 주어야 한다. 당신은 이런 피드백에 공격적으로 반발하지 않고, 순순히 받아드려야 한다. 당신이 부정적인 피드백을 받았을 때, 그런 지적을 이해하려고 노력하라. 이것의 의미는 비난을 정당화하려고 애쓰지 말고, 공격적으로 논쟁하지 마라. 피드백을 준 멘토나 옹호자에게 우선 감사해라. 이런 피드백을 받았을 때 평정심을 유지하고, 적극적으로 듣고자 노력하라.

사실 훌륭한 멘토나 옹호자는 찾기가 어렵다. 특히 여성에게는 인력 풀이 점점 작아진다. 왜냐하면 멘토는 자신이 젊었을 때부터 자신과 함께한 사람들을 좋아하는 경향이 있다(이 경우에 여성은 대부분 포함되지 않는다). 멘티는 또한 무의식적으로 유사한 편견을 가진 멘토를 따라간다. 게다가 나이 많은 남성 멘토는 젊은 여성 공학자를 멘토링 하는 데 부담을 느낀다. 나이 많은 공학자가 젊은 남성 공학자와 함께 골프를 치거나 술자리를 갖는다고 사람들이 눈살을 찌푸리지는 않는다. 하지만 젊은 여성 공학자와 함께라면 상황이 달라진다. 여성 공학자는 남성 공학자에 비하면 같은 도움을 받을 수 없다. 이것은 중요한 문제이다.

멘토를 찾는 데 있어서 미리 준비를 하라. 만일 당신 회사가 멘토 프로그램을 실시한다면, 그 기회를 잡아라. 만일 회사 내에 없다면, 근처의 다양한 공학 공동체가 멘토링 프로그램을 제공하고 있으니 그곳에 가입하고 좋은 유대관계를 맺어라.

요점

이제 당신은 전문가가 되는 길목에 와 있다. 전문가로서 당신은 지식을 확장하고, 남들과 지식을 나누고, 지속적인 배움을 게을리 하지 않고, 성장을 해야 한다. 다른 사람이 당신을 어떻게 인식하는지 살펴라. 그것으로부터 자신을 발전시켜라. 당신은 가면증후군을 경험할지 모른다. 하지만 그런 두려움이 당신의 성장을 멈추게 하지 마라. 멘토와 옹호자의 중요성을 알았으니 상호 도움이 되는 관계를 갖도록 노력하라.

다음 장들은 각각의 주제들을 상세히 서술할 것이며, 이것들은 당신이 전문가의 지위에 도달하는 데 필요한 도구들이다. 3장은 리더가 되는 데 필요한 특정한 소통의 마음가짐을 다룰 것이다. 특히 여성 리더의 관점에서 살펴볼 것이다. 4장은 소통의 특성에 대하여 가르칠 것이다. 5장은 기술적 전문성과 3, 4장에서의 소통의 마음가짐과 기술을 가지고 영향력 있는 사람이 되도록 할 것이다.

6장은 당신의 가치와 열망에 적합한 회사와 직위를 어떻게 찾는지 알려줄 것이다. 7장과 8장은 성차별을 극복하고 일 이외의 삶에서 성공하기 위해 필요한 도구들을 알려줄 것이다.

더 고민하기

1. **전문가적 흥미**: 당신이 전문가가 되고 싶은 분야 세 가지를 써 보라. 그리고 그 분야에서 현재 누가 전문가인지 찾아보라. 그들은 누구이고, 어디서 일하고,

그들이 어떤 위원회에서 일하는지 찾아보라.

2. 자격증: 다음을 적어보라.

a. 당신의 전문 분야에서 당신이 딸 수 있는 자격증 세 가지.

b. 자격증을 따면 어떤 것을 기대하나? (돈, 승진 등)

c. 자격증을 따는 데 필요한 행동 한 가지를 작성하라. 그것은 대학원 학위이 거나 기사 자격증이 될 수 있다.

3. 자원봉사: 당신이 자원봉사를 하고 싶은 모임에 가입하라. 이것을 실제로 하기 위해서 1장에서 작성한 자원봉사 리스트와 2장에서 작성한 자원봉사 리스트를 비교하라. 당신의 자원봉사 영역이 잘 일치를 하는가? 만일 그렇다면, 즉시 그 조직에 가입하고 자원봉사를 시작하라. 만일 일치하지 않는다면, 그래도 괜찮다. 몇 가지 리스트를 더 작성하고 비슷한 것을 시도하라. 아니면, 당신이 가장 관심 있는 분야를 선택하라.

chapter 3

리더는 소통을 잘한다

우리는 깨어 있는 시간의 80퍼센트는 여러 종류의 소통을 위해 쓰고 있다. 소통의 종류를 자세히 나누어 보면, 25퍼센트는 쓰고 읽기, 30퍼센트는 말하기, 그리고 45퍼센트는 듣기이다. 또한 공학자를 포함해서 대부분의 사람들은 소통의 어려움을 겪고 있다. 효과적인 소통은 훌륭한 공학자가 되는 데 필요한 전제조건이다.

공학자는 기술적 분야를 사랑하기 때문에 공학자가 되었다. 공과 대학 학부과정은 학위취득에 필요한 학점의 대부분이 기술적 분야이다. 당연히 대학에서 공대생들의 소통능력은 초보적 수준을 벗어나지 못한다. 우리는 왜 사람들이 경청하지 않는지, 왜 대중 앞에서 말하기를 두려워하는지, 왜 저평가 되는 느낌을 받는지 궁금해한다.

당신은 훌륭한 공학자가 되고 싶은가? 쉽게 승진하고, 봉급이 오르고, 중요한 프로젝트에 참여하고 싶은가? 리더가 되고 장차 사업가가 되고 싶은가? 그러면 당신의 소통 기술을 한 단계 높여라.

리더는 소통을 잘하는 사람이다. 여기서 공학 리더에게 필요한 중요한 특징 세 가지를 배울 것이다. 당신은 어떤 소통 기술이 중요하고, 어떻게 이것을 발전시켜서 당신의 목적을 달성하는 데 사용되는지 배울 것이다. 당장 당신의 직장에서 실제적으로 어떻게 적용하는지 알려줄 것이다. 이 기술을 배움으로써 당신은 최상급 공학자가 될 것이다.

소통이란 무엇인가?

2010년 4월 20일 오후 9시 45분, 미국 루이지애나주 멕시코만의 지하 유전에서 폭발이 일어났다. 이 사고로 작업자 11명이 사망하고 17명이 부상을 입었다. 지하 1마일 깊이의 수중 유전이었고, 엄청난 원유가 바다로 넘쳐흘렀다. 원유는 무려 88일 동안 바다로 흘러갔다. 이 유전은 거대 석유회사인 영국의 BP(British Petroleum: 영국 국영 석유) 소유였다.

BP 회장인 토니 헤이워드는 뛰어난 지질학자였다. 그해 4월《뉴욕 타임스》가 보도한 대로, 사고 직후 그는 중역회의에서 좌절감으로 가득차서 이렇게 이야기했다 "젠장, 이걸 어떻게 복구할까?" 5월 13일 그는 기자들에게 이렇게 말했다. "원유는 조금 새어 나왔어요." 5월 18일, 그는 다른 신문에 "이번 원유 유출이 환경에 미치는 영향은 미미합니다"라고 말했다.

얼마 후, 방송사들은 그곳 해양 생태계의 엄청난 피해와 수산업 조업장의 손실로 인한 경제적 손실에 대해 집중적으로 보도했다. 게

다가 해양 유출 기름을 청소하고 있는 작업자들이 기름 제거에 사용하는 화학약품으로 인한 직업병 문제를 거론했다. 관광 산업과 수산업의 손실은 그 지역 공동체의 삶을 파괴했다. 5월 30일 헤이워드는 원유 유출 사고에 대해 사죄를 하러 루이지애나로 왔다. 하지만 진정한 사과 대신 그는 "나는 내 삶을 다시 찾고 싶다"라는 악명 높은 발언을 했다. 이 발언이 담긴 동영상은 바이러스처럼 엄청나게 인터넷을 떠돌았다.

홍보 전문가들은 이번 BP의 해양 유전 유출 사고를 다루는 방식이 가장 실패한 홍보였다고 말했다. 하지만, 나는 공학자에게 이 사건은 매우 중요한 교훈을 준다고 생각한다.

1. 당신이 기술적으로 아무리 뛰어나도, 효과적으로 소통하지 못하면, 당신의 경력은 거기서 끝난다.

2. 효과적인 소통이란 단지 마음에 있는 말을 그대로 밖으로 내보내는 것이 아니다. 그것은 처한 상황과 듣는 사람에게 적합한 말이어야 한다.

모든 기술적 탁월함도 다른 사람과 잘 소통하지 못하면 무용지물이다. 만일 공학자가 소통에 뛰어나다면, 비록 기술적 능력이 부족하더라도 강력한 승진 후보가 된다. 3장과 4장은 소통 기술을 알려줄 것이고, 5장은 인맥 쌓기의 도구로 활용되는 것을 보여줄 것이다.

그렇다면, 효과적인 소통이란 무엇인가? 어떻게 하면 내가 꿈꾸는 경력을 쌓는 데 필요한 이런 기술들을 잘 연마할 수 있을까?

소통에 관한 전문가들의 책은 넘친다. 당신도 자신이 겪은 잘못된 소통에 대한 책을 한 권 쓸 수도 있을 것이다. 나 또한 소통에서 엄청난 실수를 저질렀다. 어떤 때는 쥐구멍에 숨고 싶은 심정이었다. 나는 무엇이 소통이 되고, 무엇이 소통이 안 되는지 오랫동안 연구하고, 관찰하고 조사해왔다.

나는 소통이 잘 되었으면 잠재력을 충분히 펼칠 수 있었을 텐데, 소통의 부족으로 좌절한 많은 공학자들을 봤다. 나는 수많은 위원회에 참석을 했는데, 그 위원회의 경험 많은 공학자나 회사 사장 모두 제대로 소통하는 공학자들을 찾아볼 수 없다고 한탄하는 것을 흔하게 보았다. 만일 당신이 리더가 되고 싶다면, 2장에서 언급한 가시적이고, 도움이 되고, 기반이 되는 관계가 필요하다는 것을 기억할 것이다. 하지만 이런 관계는 탄탄한 소통 기술 없이는 불가능하다.

2014년 IBM, 셰브런(chevron, 미국 석유·천연가스 회사), 시게이트 테크놀로지(미국 하드디스크 생산업체) 같은 회사 고용자들의 기술적 능력은 고용주가 요구하는 능력 중 상위 다섯 가지에도 끼지 못한다고 했다. 고용주들은 당신이 공과대학을 졸업했다고 하면, 일단 기술적 재능은 있다고 가정하기 때문에, 가장 바라는 자질은 다음과 같다.

1. 팀으로서 일을 잘하는 것
2. 결정을 내리고 문제를 해결하는 능력
3. 소통하는 능력

미국기계공학회가 실시한 연구를 살펴보면, 학생들이 소통에 관한 훈련을 잘 받았는지를 물어보면, 대학 기계공학부 학부장들의 52퍼센트는 자신의 대학은 소통교육을 잘했다고 대답한 반면, 산업체에서는 단지 9퍼센트만 대학생들이 소통 교육을 잘 받았다고 응답했다.

　　즉 기업체의 91퍼센트는 공학의 소통 기술이 평범하거나 부족하다고 여긴다. 기준을 조금 바꾸면, 당신에게 토크쇼 참석자나 정치인 정도의 소통 능력을 요구하는 것은 아니다. 당신이 소통 기술의 기본에 대하여 조금 더 실천을 하고 주의를 기울인다면, 당신은 대부분의 공학자들보다 뛰어난 소통 기술을 가지게 될 것이다.

　　하지만, 당신도 나처럼 '남들보다 조금 더 나은' 상태가 되는 것이 목표는 아닐 것이다. 당신은 스스로의 분야에서 더 높은 지위를 열망한다. 만일 그렇다면, 이 주제에 집중하는 것은 현재 위치의 리더가 아니라 당신 산업의 리더로 가는 지름길을 가르쳐 줄 것이다. 소통을 괜찮게 하는 공학자는 그리 많지 않다. 게다가 소통 기술을 발전시키는 것이 자신의 잠재력을 펼치는 데 중요하다는 점을 깨닫는 공학자는 별로 없다.

　　이 장에서 당신은 효과적인 소통은 마음가짐에서 시작한다는 것을 배울 것이다. 당신은 가장 가치 있는 마음가짐을 배울 것이다. 이것을 바로 실천하면, 효과적인 소통을 통하여 다른 사람에게 영향을 줄 수 있는 능력을 향상시킬 것이다.

감성 지능과 높은 실행 능력 팀

『메이필드의 과학적, 기술적 문서 작성 핸드북』에는 "훌륭한 공학적 소통은 정확하고, 명확하고, 간결하고, 논리정연하고, 적절해야 한다"고 적혀 있다. 쉬워 보이는가? 단순한 것처럼 보이지만 당신이 인식하는 것과 실상은 다르다.

와이즈만은 공학자를 위하여 직장에서의 소통 기술을 연구했다. 이 분야의 전문가로서, 그는 《포브스》나 《US 뉴스 & 월드 리포트》에 글을 기고해 왔다. 2015년 팟캐스트 '공학 경력 코치'(The Engineering Career Coach, TECC)와의 인터뷰에서 그는 공학자들은 자신들이 말을 할 때마다 중요한 인간관계의 75퍼센트 정도 손실을 볼 정도의 위험을 가지고 있다고 했다. 왜? 바로 신뢰의 문제 때문이다.

화학공학 박사학위를 가지고 있고 기술적 소통을 돕는 전문적인 일을 하는 회사에서 일하는 제임스 클레버는 미국 화학공학회의 인터뷰에서, 왜 공학자와 과학자들이 소통에 힘들어하는지 이야기했다. "공학자는 사람을 연구하기보다는 사물의 작동원리를 찾고, 방정식과 시스템을 바라보는 데 만족감을 느끼기 때문이다"라고 말했다.

공학적 제품은 누가 구입하나? 누가 우리의 공학적 설계의 신뢰성에 의지해서 살고 있나? 하지만 대부분의 공학자들이 배우는 방정식과 공정에는 바로 그 '사람'이 빠져 있다.

총체적으로 어떻게 공학자의 소통 능력을 향상시켜야 하는지 이해하기 위해서, 우리는 소통에서의 마음가짐을 공학적인 것에서 인간적인 것으로 변화시켜야 한다. 사람들이 우리를 이해하고 우리의 메시지에 대해 반응하도록 하려면, 어떤 방식으로 소통해야 할까?

바로 감성 지능이 첫 출발점이다. 이것은 또한 높은 실행 능력을 보이는 팀에서도 일어난다. 높은 감성 지능을 가진 사람은 다른 사람의 감정을 들추어내는 능력이 있다. 그들은 말하지 않은 것을 듣고, 말하지 않은 몸짓에서 미묘한 뉘앙스를 본다. 그들은 발언에 대하여 즉각적으로 판단을 내리지 않고, 듣는 훈련이 되어 있다. 그들은 자신의 감정을 잘 조절한다. 그런 훈련, 조절, 그리고 함부로 판단하지 않는 것은 다른 사람으로 하여금 심리적으로 안심하게 한다.

한 팀에서 다른 동료에게 안심을 느끼게 하는 것은 팀으로서의 높은 실행 능력에 매우 중요한 요소이다. 구글은 지난 2년간 180개의 판매 팀과 공학 팀을 연구하였다. 높은 실행 능력을 보이는 팀이 회사에 많은 이익을 가져왔다고 구글은 밝혔다. 2013년 건축과 공학을 주로 하는 델텍(Deltek) 회사의 연구에서, 높은 실행 능력을 보이는 팀은 약 24퍼센트 이익을 창출했고, 그와 반대되는 팀은 10퍼센트 미만의 이익을 창출했다고 발표했다.

높은 감성 지능은 또한 개인의 성공과도 연관된다. 『감성지능 코칭법』의 저자 트래비스 브래드베리는 《포브스》와의 인터뷰에서 이렇게 말했다.

"직장에서 일하는 사람들을 조사한 결과를 보면, 높은 수행실적을 보이는 사람들의 90퍼센트는 높은 감성 지능을 가지고 있었다. 반대로 높은 감성 지능에도 불구하고 낮은 실적을 올리는 사람은 20퍼센트 정도였다. 당신은 감성 지능이 높지 않아도 성공할 수 있지만, 확률은 희박하다. 따라서 높은 감성 지능을 가진 사람이 더 많은 돈을 버는 것은 자연스럽다. 감성 지능이 높은 사람이 감성 지능이 낮은 사람보다 약 29,000달러를 더 버는 것으로 나타났다."

"감성 지능과 수입과의 관계는 너무 직접적이어서 감성 지능 점수가 올라갈 때마다 연봉이 13,000달러 올라가는 것으로 밝혀졌다. 이런 결과는 세상의 모든 산업 부분에서, 모든 지역에서, 모든 직위에서 동일하게 나타났다. 우리는 능력과 봉급이 감성 지능과 연관되지 않은 직장을 찾기가 어려웠다."

우리는 직장에서 능력이 형편없는 팀을 실제로 많이 보아왔다. 대학 시절, '조별 활동'을 기억해봐라. 몇 명씩 한 조로 구성되어 각자 일을 나누어서 하는데, 항상 자신이 맡은 일을 하지 않는 친구가 꼭 한 명씩은 있지 않은가? 당신이 한 팀으로 일하고 있는데, 팀원들이 서로 눈치만 보면서, 자신의 아이디어를 공유하지 않으려는 팀이 있지 않은가? 팀원들이 새로운 조언을 열심히 제안하고 있는데, 이를 무시하고 그냥 진행하는 리더(조장)가 있지 않은가? 이런 팀들이 당신의 열망을 고취시키는가? 이런 팀에서 일하고 싶은가? 이런 팀들이야말로 낮은 실행 능력을 보이는 팀이다.

그럼 높은 실행 능력을 보이는 팀은 어떻게 다른가? 팀원들은 비록 의견 대립이 있어도 서로 경청하고 존중한다. 아이디어가 논쟁이 되는 것이지, 팀원이 논쟁의 대상이 아니다. 에너지가 충만하다. 팀의 리더는 팀원들을 격려하고 비전을 제시하고 두려움을 주지 않는다. 팀원들은 서로 신뢰하고, 가장 바람직한 관심사항을 찾고 공통적인 목표를 공유하고 자신의 의사를 명확히 말한다. 그들은 팀의 성공을 축하하고 실패가 닥쳤을 때 상대방에게 손가락질하지 않는다.

당신은 높은 실행 능력을 가진 팀에서 일하고 있는가? 다음번 미팅에서 간단한 실험으로 이것을 알 수 있다. 종이에 참석자 이름을 쓰고 그들이 말할 때마다 횟수를 기록하라. 만일 한두 명이 회의의 발언권을 독차지한다면 그 팀은 높은 실행 능력 팀이 아니다. 이런 일이 반복된다면, 이 팀이 잘 되기는 어렵다.

당신이 팀원으로 일할 때 어느 팀에서든 자신의 감성 지능을 높이기 위해서 무엇을 할 것인가? 이를 기억하라. 당신 팀을 높은 실행 능력의 팀으로 바꾸어 놓으면 회사에 높은 수익을 가져온다. 당신은 팀에서 높은 실행 능력을 보인 대가로 보답을 받고 회사에 좀 더 많은 수익을 창출하리라 생각하는가?

당신의 감성 지능을 연마하는 것은 성공의 열쇠이다. 하지만 우리 공학자들은 어떻게 해야 하나? 당신이 나와 같다면, 감성 지능은 타고나는 것으로 생각할 것이다. 하지만 이건 사실이 아니다. 감성 지능은 공학적 전문 지식과 마찬가지로 배우고 훈련할 수 있다. 다음에는 당신의 감성 지능을 발휘할 수 있는 세 가지 중요한 자질을 배울 것이다. 그 세 가지는 바로 '경청', '긍정적 사고', '평정심'이다.

자질 #1: 경청

우리는 자신의 의견을 소셜미디어에 마음껏 표현할 수 있는 시대에 살고 있다. 논쟁적인 내용들이 바이러스처럼 빠르게 인터넷을 돌아다니고, 트위터에서 이에 대한 댓글을 추적한다. 우리는 페이스북, 인스타그램, 트위터 등에서 끊임없이 정보를 받는다. 핸드폰은 식사할 때도, 파티에서 사람들과 어울릴 때도 항상 우리 손에 있다.

사람들과 직접 만나서 하는 회의에서도, 우리의 관심을 회의와 핸드폰의 이메일로 분산시킨다. 우리는 회의 전에는 무엇을 했고, 회의 후에는 무엇을 해야 하나 항상 신경을 쓴다. 우리는 직장에서 집으로, 다시 직장으로 반복된 생활을 한다. 우리는 세상에서 일어나는 많은 것을 "듣는다." 하지만 대부분은 쓸모없는 정보이다. 우리는 직장 동료, 고객, 친구들에게 "오늘 어때?" 하고 인사말을 하는데 "그저 그래"라는 답변을 원하는 것은 아니다.

우리는 듣지만 경청하지는 않는다. 다른 사람이 말하고 있을 때, 다음에 나는 무슨 말을 해야 할까 생각한다. 우리는 남이 말할 때 말을 자른다. 다른 사람이 말하고 있을 때 말하는 사람에게 집중하기보다는, 우리에게 같은 상황이 벌어지면 뭐라고 말할까 하면서 말참견을 하려고 한다. 이런 상황에서 말하는 사람은 아무도 자신을 이해하거나 자신의 말을 듣지 않는다는 느낌을 갖게 된다. 잘못된 소통이 만연한다.

대화를 하다 보면, 모든 대화 주제에 자신의 의견을 반드시 말하고, 대화의 마지막을 장식하려고 하고, 조금만 대화가 사실에서 벗어나면, 비록 하찮은 주제일지라도 꼭 그것을 지적하는 사람이 있다. 예를 들면, 당신이 "나는 이번 주말에 잔디를 깎으려고 하는데"라고 옆사람에게 말하면, 이 사람은 "주말에 비가 온다고 하는데 그럼 잔디를 못 깎으니깐, 오늘 밤에 깎는 게 좋겠다"라고 답변한다. 이게 그리 중요한 일인가?

이런 사람과의 대화에서 당신은 어떻게 느끼는가? 당신이 이야기를 하고 있는데 상대가 계속 핸드폰을 들여다보고 있으면 무슨 기분이 드는가? 당신의 말하고 있을 때 잘못을 지적하거나, 말을 자르면 다음에 어떤 기분이 들까?

당신의 친한 친구와의 반응을 상상해 보자. 당신이 말하고 있을 때 당신을 쳐다보면서 열심히 경청할 때 어떤 기분이 드나? 친구들과 말을 자르지도 않고, 핸드폰도 보지 않고, 대화에 몰입하면 어떤 느낌인가? 앞에 예를 든 사람보다 이 사람이 더욱 가치 있다고 느낄 것이다. 이것이 직장에서 해야 할 경청의 자세이다. 다른 사람에게 귀기울이고, 그들이 말하는 것보다 그들이 느끼는 것을 관찰하는 것이다. 이것은 당신과 소통하고 있는 사람을 위하여 온전히 존재하는 것이다.

한나 아이남은 경청을 "360도 듣기"라고 말했다. 그녀는 직장에서 "듣기"와 "경청"의 차이를 다음과 같이 설명했다.

카롤로스라는 동료가 상사에게 말하기를 "당신도 알다시피, 우리 프로젝트를 기한 내에 완수하기 위해서는, 우리 부서 예산의 70퍼센트를 우리에게 배정해야 합니다. 알다시피, 이 프로젝트는 사장님도 관심을 가지고 있어요."

당신이 "그냥 듣기만" 하는 사람이라면: "그래, 우리 프로젝트도 우리에게는 중요한 것이야. 우리 부서 예산을 70퍼센트나 달라고 하니 정말 뻔뻔한 사람이네. 나도 우리 프로젝트가 중요하다고 하는 평계를 만들어야겠네. 나는 50퍼센트만 요구해야겠다."

당신이 "360도 듣기"를 하는 사람이라면: "카롤로스는 큰 예산을 원하고 있지만, 자신감은 없는 것 같아. 상사는 카롤로스가 냉정함을 잃고 있다고 보는 것 같아. 다음에는 내 차례라는 것을 알기에 조금 걱정이 되는군. 이 문제를 제대로 해결하는 방법을 고민해야겠군."

경청은 당신에게 어떤 것인가? 그것은 당신 직장 동료의 신뢰를 얻게 하고, 높은 실행 능력을 나타내는 팀을 만든다.

경청은 당신이 중요하다고 인식한 것뿐만 아니라, 모든 이슈에서 이해를 돕는다. 경청을 하면 당신은 결코 잘못된 소통을 할 수 없다. 그것은 언어를 사용하지 않은 소통의 모든 중요한 언어를 알아챌 수 있다.

이제 당장 회의에서 경청을 하라. 회의에서 누가 발언을 많이 하는지 적으라고 한 것을 기억하라. 이제 당신이 회의를 진행하면서 팀원들을 관찰하라. 예를 들어 루크라는 친구가 회의에서 한마디도 안 했다고 하자. 이 경우에는, 회의를 멈추고 "루크, 자네 의견은 어떤가" 하고 묻거나, "루크는 자신의 생각을 말하지 않았는데, 나는 자네 의견을 듣고 싶네"라고 말하라.

적극적인 경청자는 사람들로 하여금 말하는 사람만이 그 공간에 있다고 느끼도록 한다. 빌 클린턴과 오프라는 이런 재능을 잘 활용하여 매년 수십 억원을 번다. 회의에서 소통의 55퍼센트는 비언어적으로 전달되고, 38퍼센트는 목소리로 전달되고, 나머지 7퍼센트는 말하는 사람의 메시지로 기억된다는 연구 결과가 있다. 대부분의 공학자는 메시지에 초점을 맞추는 실수를 한다. 메시지는 7퍼센트 정도 차지하지만, 소통의 기술을 높이려면 이 점에 초점을 맞추어야 한다. 내가 만난 대부분의 사람들은 경청을 어떻게 하는지 잘 몰랐다.

"오프라처럼 들어라"라는 블로그를 쓴 제인 에쉬헤드 그란트는 경청에 방해가 되는 세 가지를 지적했다. 주로 환경적인 것이었다(스마트폰이나 배고픔에 의한 주의 산만). 하지만, 내 경험으로는 공학자가 경청하지 못하는 주요 이유는 바로 "반박 증세"이다. 반박 증세는 말하고 있는 사람에게 반대 논리를 펴려고 하는 마음가짐이다. 이것은 상대방이 말하고 있는데 '교정'을 하거나 자신이 정확히 알고 있다고 하면서 말을 '끊는' 데 있다.

우리 공학자들의 장점은 세상 만물에 대한 정확한 접근 방식이다. 하지만, 남이 말하고 있는 중간에 수정하거나 참견하거나 말을 끊으면 하는 사람은 우리를 신뢰하지 않는다. 그것은 우리가 경청하지 않는다는 메시지를 보내는 것이나 다름없다. 결국 우리가 소통의 93퍼센트 정도는 신경을 쓰지 않는다는 뜻이다. 이런 잘못을 직장이나 집에서 얼마나 자주 하고 있는지 반성해야 한다.

다름 사람의 말을 수정할 적절한 때가 있다. 그것은 공학적으로 잘못된 이야기를 할 때이다. 하지만, 그 경우에도 다른 사람이 말하고 있을 때 무엇을 말할까 같은 생각에 빠지지 말아야 한다. 어떤 때는 마음속으로나, 직설적으로 잘못을 지적하지 말아야 할 필요가 있다. 크레그를 예로 들어 보자. 그가 교통 체증으로 회의에 늦자 당신은 크레그에게 제대로 길을 선택하지 않아서 당신이 늦었다고 말했다고 치자. 그는 당신이 자신을 심판하다고 생각하면서 당신을 이해하지 못한다. 당신은 어쨌거나 크레그의 감정적 신뢰를 무너뜨렸다. 그는 자신이 질책 받은 것에 마음이 상해 회의에서 최선을 다하지 않는다.

그렇다면 어떻게 했어야 할까? 비록 그가 늦게 와서 화가 났을지라도, 크레그를 먼저 배려해야 한다. "무슨 일이 있었어?"라는 표현을 쓸 수 있다. 우리가 당신 이야기를 잘 듣고, 이해하려 한다는 것을 보여주는 말투를 사용해야 한다. 우리는 크레그에게 "네가 이 길을 택했으면, 회의에 늦지 않았을 거야"라고 말하는 대신에 "왜" 또는 "어떻게"라고 묻는 것이 바람직하다. "오는 도중에 사고가 있어서 늦었구나. 그래도 네가 사고를 당하지 않아서 다행이야. 또 회의에 참석해서 고마워. 자, 이제 회의에 들어가자. 크레그 네 의견은 어떤 거야?" 이렇게 말해주면, 크레그는 창의성을 발휘해서 좋은 의견을 낼 것이다. 앞의 말과 뒤의 말 중 어느 것이 크레그가 창의성을 발휘하는 데 방해가 될까?

당신은 상대방의 신뢰를 얻음으로써 리더가 된다. 신뢰는 당신 주위의 사람들이 자신의 생각을 당신과 기꺼이 나누게 한다. 연습을 통해서 당신은 당신의 감성 지능을 강력하게 만들 수 있다. 진정으로 경청하고, 보디랭귀지까지도 듣고자 노력하라. 경청은 감성 지능을 발산하는 초석이다. 당신이 뛰어난 공학자가 되고 싶다면, 바로 이 자질을 잘 발전시켜라.

자질 #2: 긍정적 사고

긍정적 사고는 두 번째로 중요한 자질이다. 긍정적 사고란 모든 것을 낙관적으로 보는 것이 아니다. 오히려 어려움을 장애물이 아니라 기회로 보는 것이다. 긍정적으로 생각하는 사람은 어떤 상황에서도 영향력을 줄 수 있다고 여긴다. 상황을 좁게 보지 않고, 넓게 보는 사람이다.

긍정적 사고는 다른 사람을 대할 때 긍정적 행동을 고취한다. 암을 극복하고 마라톤을 하는 사람이나 어려움을 딛고 성공한 사람들을 생각해 보라. 그런 사람들은 모든 사람에게서 존경을 받는다. 그들은 우리에게 영감을 준다. 물론 소통 능력을 잘 활용하기 위해 암 투병을 할 필요까지는 없다. 단지 부정적인 사람이 되지 마라. 부정적인 사람 주위에는 아무도 모여들지 않는다.

긍정적/부정적 비율은 생산성과 행복에 큰 영향을 미친다. 과학적 연구 결과는 긍정적/부정적 비율은 3.0이 최적이라고 발표했다. 이 비율이 3.0보다 높은 팀은 3.0보다 낮은 비율을 갖는 팀보다 생산성이 높았다. 과학자들은 이 비율의 최고점은 13.0이고, 대부분의 조직에서 팀의 비율은 3.0보다 적다고 하였다.

긍정적 사고는 어떻게 증명되는가? 직장에서 긍정적 사고는 어떤 방식으로 표현되는가? 다음 시나리오를 참고하자.

미셸은 뛰어난 직원이다. 그녀가 사무실에 들어가자, 사무보조원이 이름을 부르며 반갑게 맞아주었다. 그리고 몇 분간 어제 저녁 일에 대해서 수다를 떨었다. (긍정 1, 부정 0). 미셸은 책상에 앉아서 이메일을 보니, 자신의 과제에 대한 동료의 불평이 도착해 있었다(긍정 1, 부정 1). 미셸은 이메일에 답을 하고 커피를 마시고 있는데 동료가 다가와서 지난주 미셸의 발표가 매우 좋았다고 평을 했다(긍정 2, 부정 1). 다시 책상으로 돌아오니, 고객으로부터 필요한 자료를 잘 보내주어서 고맙다고 전화가 왔고, 몇 가지 질문을 했다(긍정 3, 부정 1). 전화 통화가 길어지면서, 미셸은 내부 간부회의에 지각을 했다. 미셸은 회의에 지각을 해서 미안하다고 사과를 했다(전화 통화는 고객 때문에 오래 지속되었고, 그 고객은 매우 중요한 사람이었다). 하지만 회의를 주재하는 사람은 "자, 이제 참석자가 모두 왔으니 회의를 합시다. 한 5분 늦었네"라고 말했다. 이 말은 미셸에게 한방 날린 것이었다. 미팅에 집중하는 대신, 미셸은 늦은 것에 대하여 기분이 나빴다(긍정 3, 부정 2).

직장에서 긍정적/부정적 비율이 3.0보다 낮으면 어떤 결과가 올까? 오랜 연구 결과, 이 경우 직원은 일에 집중하지 못한다. 낮은 집중도는 낮은 성과를 가져오고, 낮은 성과는 낮은 회사 이익을 가져온다.

하지만 당신은 다를 것이다. 당신은 능력이 뛰어나고, 당신 분야에서 최고 중 한 명이다. 왜냐하면 당신은 의도적으로 긍정적인 반응을 보여주기 때문이다. 미셸의 경우에서 보듯이, 천성적으로 즐겁고 쾌활한 성격일지라도, 긍정적 반응을 보이는 것과는 아무 상관이 없다. 긍정적 사고와 반응은 긍정적 마음을 단련하는 것에 달려 있다.

심리학적 연구에 따르면, 우리가 어떤 것에 대하여 "마음을 한번 먹으면", 그 마음은 잘 바뀌지 않는다고 한다. 우리가 치과에 어금니 치료를 하러 갈 때는 통증에 대한 두려움이 생각난다. 만일 우리가 직장에서 어떤 사람을 "바보"라고 한 번 여기면, 우리는 항상 그것이 진실이든 상상한 것이든 그 사람을 바보라는 렌즈를 통해서 보게 된다.

우리는 우리의 선입견을 보완해 줄 '증거'를 찾는다. 이런 경향을 심리학 용어로는 "확증 편향"이라고 한다.

확증 편향에 대한 연구 결과는 다음과 같다. 만일 내가 바보 같은 행동을 하면, 그것을 외부 요인 즉 피곤하거나, 배고파서 그랬다고 외부 요인에 핑계를 대는 것이다. 하지만, 당신이 바보 같은 짓을 하면, 내 두뇌는 당신이 성격적으로 결함이 있다고 판단한다. 이런 경향은 내가 미리 인식하고 각성하지 못한다면 다른 사람과의 관계에서 긍정적인 자세를 갖기 어렵다.

앞의 1장에서 나는 일과 생활에서 행복하게 되는 것을 선택할 능력이 우리에게 있다고 말했다. 우리는 환경을 우리에게 맞게 창조할 수 있다고 믿고, 그것이 바로 긍정적 사고의 정의이다.

우리가 자신을 삶의 희생자가 아닌 운전자로 선택할 때, 내 '긍정적 에너지' 주위로 사람들이 모여든다. 우리는 말과 생각, 그리고 행동에서 리더가 된다. 우리는 다른 사람들이 따라 배우려고 하는 영향력 있는 사람이 된다. 리더가 되면, 우리는 가치 있는 프로젝트를 할 수 있고, 원하는 부서로 승진할 수 있고, 최고의 공학자가 될 수 있다.

오늘부터 일과 생활에서 행복하겠다고 마음먹어라. 당신은 그럴 자격이 있다. 현재 상황에 우울하거나, 좌절감을 느끼는가? 그럼 바로 행동을 취하라. 당신에게 도움을 준 사람에게 감사 편지를 쓰거나, 긍정적인 사람들과 자주 만나라.

공학자들은 극단적으로 조직화하고, 상세한 부분까지 신경을 쓴다. 이런 자질은 위대한 공학자를 만들기도 하지만, 종종 생활에서 실패를 가져오기도 한다. 높은 성취욕은 결국 우리가 도달할 수 없는 영역까지 몰고 간다. 부정적 생각은 부정적 태도를 낳는다. 부정적 태도는 우리의 잠재력을 극대화하는 데 방해가 된다. 부정적 태도는 우리가 넓게 보아야 할 상황에서 시야를 좁게 만든다.

긍정적 태도는 매일매일 감사를 표시하는 것으로 길러진다. 예를 들면, 당신이 감사해야 할 것 세 가지만 생각해 보라. 아름다운 해돋이가 될 수도 있다. 시간이 지나면, 이런 감사는 몸에 밴 습관이 된다. 당신은 당신의 재능을 칭찬하고 당신에게 감사하는 사람과 함께 일하고 싶은가, 아니면 일이 잘못되면 도움을 청하는 그럼 사람과 함께 일하고 싶은가? 당신이 다른 사람에게서 보고 싶은 행동을 당신이 모범을 보여라.

당신이 멍청하거나 부정적인 사람과 함께 일하고 있다면, 당신은 두 가지 선택이 있다. 팀 분위기가 지속적으로 부정적이라면, 다른 팀을 찾거나 다른 부서로 옮기도록 하라. 당신이 비록 낙천적이라 할지라도, 부정적 에너지는 시간이 가면 당신을 좌절시킨다. 당신 부서가 부정적인지 아닌지 확신이 없다면, 앞의 미셸처럼 긍정적/부정적 자료를 하루 기준이나 일주일 기준으로 모아 보자.

만일 직장이나 생활에서 유별나게 부정적인 사람이 있다면, 그 사람과 관계를 가능한 제한하라. 만일 직장 동료라면, 일 외적으로는 관계를 맺지 마라. 직장 동료일 경우에는 이런 접근 방식이 잘 통한다. 만일 그 사람이 당신 상사라면, 새로운 직장을 찾거나 다른 부서로 자발적으로 옮겨야 한다. 그렇지 않으면 당신 또한 부정적 에너지에 빠지게 된다.

자질 #3: 평정심

세 번째로 중요한 자질은 혼란 속에서 평정심을 유지하는 것이다. 백만 명을 조사한 결과, 성공한 사람들의 90퍼센트는 이 자질을 가지고 있었다. 상황이 잘 진행되고 있을 때, 평정심을 유지하는 것은 쉽다. 상황이 나빠졌을 때 어떤 사람이 취하는 행동이 그 사람의 성격을 보여준다는 것에는 많은 사람들이 동의한다. 하지만, 평정심 유지는 나와 같은 평범한 사람에게는 실제로 실행하기 어려운 자질이다. 내가 생활에서 가장 실행하기 힘든 일이기도 하지만, 이것이 잘 실행되면 그 효과가 즉각적으로 나타난다.

어떻게 해야 평정심이 유지되는지 이해하는 것이 중요하다. 우리 몸이 스트레스를 받았을 때 무슨 일이 일어나는지 살펴보자. 당신이 실수를 했을 때, 친구와 언쟁을 벌일 때, 또는 중요한 프로젝트의 마감일을 넘겼을 때 우리 몸에서 무슨 일이 벌어지나? 당신의 몸에는 "투쟁 – 도피 반응"이라는 생화학 반응이 촉발된다. 지금 스트레스 환경이라는 경고가 뇌의 편도체에서 온다. 그리고 뇌에서 부신으로 뇌에 저장되어 있던 감정적 기억들을 보낸다. 그러면, 우리 몸은 물리적 행동을 취하기 위하여 아드레날린 호르몬을 분비한다. 이 호르몬은 심장을 더욱 격렬하게 뛰게 하고 호흡을 가쁘게 한다. 당신은 공포와 두려움을 느낀다. 그래서 생각을 하는 대신에 물리적인 행동을 준비한다. 즉, 이 호르몬이 당신 뇌의 논리적 영역을 탈취한 것이다. 이 호르몬이 사라질 때까지, 당신의 사고능력, 추론 능력, 그리고 논리적 판단력은 감소한다.

위기가 닥쳤을 때 평정심을 유지하는 것은 당신이 중요한 결정을 해야 할 때라면 더욱 중요하다. 왜냐하면, 리더는 혼란스러운 상황에서 효과적인 결정을 해야 할 때가 많기 때문이다. 이런 리더십은 앞의 두 가지 자질과 함께 사용될 때 더 빛을 발휘한다. 좋은 소식은 이런 자질은 훈련을 통하여 얻을 수 있다는 것이다.

『전선에서 지휘하다(Leading from the Front)』라는 책을 쓴 미 해병대 앤지 모건과 코트니 린치는 감정의 폭발(직장에서 울음을 터트리는 것까지)이 성별에 관계없이 얼마나 그 사람의 신뢰도를 떨어뜨리는지에 대해 서술했다. 책에서 코트니는 한 젊은 상등병이 해병대 규칙을 어겨서 질책을 받을 때 감정적 폭발이 일어난 이야기를 했다. 그녀는 이렇게 표현했다. "눈물은 당신과 동료와의 관계를 변화시킨다. 다른 사람 앞에서 눈물을 보이는 것은 불편한 상황을 만들고, 리더로서의 자질을 떨어뜨린다. 리더로서의 명성에 흠이 가지 않게 하려면 감정을 잘 조절하라."

주기적으로 직장에서 눈물을 흘리는 사람은 유용한 피드백을 얻기 어렵다. 어느 누구도 당신의 마음을 다치게 해서 울음을 터트리고 싶어 하지 않는다. 하지만 공학자로 성장하기 위해서는 긍정적·부정적 피드백 모두 필요하다. 만일 당신 상사가 피드백을 주면 당신이 감정적으로 폭발할 것 같다고 느끼면 피드백 주기를 주저할 것이다. 그러면 당신은 자신의 약점이 무엇인지, 그리고 성장에 필요한 것이 무엇인지 알 수가 없다. 게다가 자신의 감정을 잘 조절하지 못하는 사람은 매우 중요하거나, 회사 이익과 직결되는 프로젝트에 배정될 가능성이 적다.

이런 측면에서 여성들은 남성이 하지 않는 줄타기 곡예를 하고 있는 것이다. 우리의 경쟁력은 우리에 대한 좋은 감정과 연관되어 있다. 그래서 우리가 어려운 상황에서도 감정을 너무 많이 제어하면, 사람들은 우리를 "냉정한" 또는 "감정이 없는" 사람이라고 한다. 감정을 강하게 '표현하는 것'은 감정을 '느끼는' 것과는 다르다. 감정을 표현하는 것은 리더로서의 자질을 제약하고 경력에 치명적인 오점이 된다. 직장에서 울기, 소리 지르기, 못마땅한 표정 짓기, 그리고 비판에 지나치게 민감하기 등은 모두 감정을 표현하는 것이다.

인간적으로 이 모든 것을 피하기는 어려운 일이다. 특히나 일에 열정적으로 몰입하고 있을 때는 말이다. 당신이 몇 주 동안 밤늦게 야근을 하면서 일을 하고, 고객은 내가 하는 일에 불만을 표시할 때, 공격적이 되지 않는 것은 어렵다. 가뜩이나 일이 많은데 상사가 추가적인 일을 시키거나, 일이 잘 안 풀릴 때 동료가 손가락질을 하면서 불만을 표시할 때 평정심을 유지하기는 힘들다. 이런 일은 나에게 일어났고, 당신도 이런 일을 겪을 것이다. 하지만, 운 좋게도 우리는 평정심을 유지하는 방법을 배울 수 있다.

좋은 결정을 내리려면, 우리는 상황을 명확히 이해하고 있어야 한다. 감정을 표현하는 것은 바람직하지 않다. 울기, 소리 지르기, 남을 비난하기는 단지 에너지를 낭비하는 과정이다. 감정 표현에 낭비된 에너지를 상황을 이해하고 문제를 해결하는 데 사용하는 것이 바람직하다. 우선 해결책에 집중하고, 부신 호르몬이 분비되어 이성을 잃지 않도록 해야 한다.

인간은 감정적 경험을 하도록 되어 있다. 감정적 격동 상태에서 논리적 사고로 돌아갈 수 있도록 돕는 네 가지 방법을 시도해 보라. 지속적으로, 오랜 연습을 통해서 우리는 위기의 순간에도 평정심을 유지하는 능력을 향상시킬 수 있다.

1. "흥분이 되면 바로 눈치를 채라. 자신에게 물어라." 조심해라. 이성을 잃을 수 있다. "당신 몸이 어떻게 반응하는지 주시하라." 점점 긴장되는가? 심장이 심하게 뛰는가? 감정이 격해지는 것을 알아채는 것이 평정심 유지의 첫 단계이다. 이것을 주목하고 있는 당신 뇌의 한 부분은 바로 당신이 논리적으로 사고하게 하는 뇌의 한 부분과 같은 영역이다. 매일매일 이것을 염두에 두는 것은 평정심을 유지하는 데 도움을 준다.

2. 만일 감정이 북받쳐 오르면, 그 상황에서 즉시 빠져나와서 침착함을 갖도록 하라. 예를 들면, 화장실에 가서 잠시 쉬는 시간을 갖는 것이다. 물을 한 잔 마시면서 감정을 추스르는 것이다. 당신의 목표는 상황을 '정지'시키는 것이다. 그래서 긴 호흡을 할 수 있는 기회를 갖는 것이다.

3. 당황한 상황에서 거리를 두어라. 다음의 질문을 스스로에게 하라.
   a) 이 문제가 내년에도 기억할 만큼 중요한 문제인가?
   b) 오늘이 당신의 마지막 날이라면, 그래도 이 상황에서 같은 기분을 느낄 건가?

c) 만일 당신 친구가 같은 문제로 조언을 구한다면, 당신은 뭐라고 말할 건가?

4. 만일 당신이 너무 흥분하지 않았다면, 스트레스를 풀 물리적 출구를 마련해라. 쌓인 스트레스는 결국 풀어야 하는데, 하나는 운동을 하는 것이고 다른 하나는 감정을 폭발하는 것이다. 프린스턴 대학 연구팀은 꾸준히 운동을 하는 것이 우리 뇌에서 일어나는 생화학 작용에 근본적인 변화를 가져온다고 밝혔다. 운동을 하면 뇌에서 스트레스를 방해하는 호르몬의 분비를 활성화한다는 것이다. 우리가 1장에서 배운 자신을 돌보는 방법을 기억하는가? 평정심을 유지하는 것이 우리에게 얼마나 이득이 되는지 알게 된다.

○

요점

8

3장에서 왜 공학자들이 자신의 전문 영역에서 전문가가 되기 위해서는 소통 기술을 배우고 증명해야 하는지 알게 되었다. 또한 소통의 기술을 강화하는 것이 신뢰로 귀결된다는 것을 배웠다. 신뢰는 뛰어난 팀 수행능력에 필요하다. 높은 수행능력 팀은 회사에 큰 이익을 가져온다. 신뢰를 얻기 위해서는 앞서 이야기한 경청, 긍정적 사고, 그리고 평정심을 통하여 감성 지능을 연마하는 것이 필요하다. 이런 바람직한 기질을 잘 연마하면 당신은 영향력 있는 사람이 될 것이다.

4장에서는 기술 문서 작성이나 대중 앞에서 발표를 할 때와 같은 소통 상황에서 3장에서 배운 감성 지능을 어떻게 활용하는지 배울 것이다. 당신은 지식을 남과 나눌 수 있어야 하고, 당신이 전달하고자 하는 메시지를 상대방이 듣고 행동하도록 분명하게 해야 한다. 4장을 읽고 나면 당신이 바라는 리더로서의 공학자가 되고 당신 주위에 사람들을 모여들게 하는 신뢰를 쌓을 것이다.

더 고민하기

1. **경청**: 어떤 모임에 참석하면, 30분 동안 어떤 사람이 말할 때 간섭하거나, 잘못을 지적하지 마라. 그 대신 대화가 끊어지면, "더 이야기해 줘" 또는 "그래서 어떻게 되었어?"라고 이야기하라. 말하는 사람이 이것에 대하여 어떻게 반응하는지 주시하라.

2. **긍정적 사고**: 30분 동안 "불평 안 하기"에 도전하라. 이것은 자신에 대한 부정적인 언사도 포함하는 것이다. 예를 들면, "내 옷이 너무 안 어울린다. 나는 문제가 뭔지 모르겠어." 만일 중간에 불평을 했다면, 불평을 하지 않을 때까지 다시 시작하라. 당신은 이 도전을 하루 종일 할 수 있을까?

3. **평정심**: 일상에서 평정심의 수준을 높이도록 노력하라.
   이 책의 부록에 평정심과 평온에 대한 명상 앱이 있으니 다운로드하고 매일 10분씩 들어보라.

chapter 4

직장에서 공학적 소통

3장에서 당신은 리더로서 어떻게 소통하는지 배웠다. 당신은 감성 지능을 어떻게 높은 수행능력 팀으로 바꾸는지 알게 되었다. 당신은 우수한 수행능력을 보이는 팀의 핵심요소인 신뢰를 어떻게 만들어내는지 배웠다. 경청, 긍정적 사고, 평정심. 이러한 기술을 연마하는 것이 당신의 경력을 가속화시키고 당신의 전문 지식과 결합하여 당신을 최고의 공학자로 만들 것이다.

우리가 보내는 하루의 85퍼센트는 소통에 소비한다. 일반적인 사람은 하루의 시간 중 무엇을 쓰는 데 25퍼센트, 말하는 데 30퍼센트, 그리고 남의 이야기를 듣는 데 45퍼센트 사용한다. 4장에서는 이런 특정한 세 가지 영역에서 당신의 소통 응용력을 발전시키고자 한다. 당신이 겪게 되는 실제 상황에서 가장 바람직한 요령과 훈련을 배울 것이다. 4장에서는 특정한 소통 영역 – 쓰기, 말하기, 몸짓 언어 – 을 공학적 맥락에서 어떻게 적용해서, 당신의 메시지가 정확히 명쾌하게 전달되도록 하고자 한다.

4장은 당신의 고유한 목소리를 찾고, 당신이 자신감 있는 발표자가 되도록 한다. 당신은 상사, 동료, 고객과 성공적으로 소통하는 데 필요한 요령을 배울 것이다. 특히 여성에게 발생하는 소통의 장애물을 피하는 방법을 배울 것이다. 당신은 효과적인 소통을 관통하는 한 가지 규칙을 배울 것이다. 4장을 마치면, 당신은 청중과 공감하는 메시지를 만드는 기술을 배울 것이고, 그리하여 전문 분야에서 영향력 있는 사람이 될 것이다.

직장에서 소통 방식: 쓰기, 말하기, 몸짓 언어

쓰기

미국 메릴랜드주에 사는 16살 암버 마리 로즈는 타고 가던 자동차가 나무와 충돌하면서 사망했다. 충돌의 원인은 무엇인가? 그녀가 탄 2005년에 제작된 시보레이 코발트 자동차의 점화 스위치가 고장나면서 전기 시스템을 망가뜨렸고, 충돌 시 에어백이 터지지 않아 사망했다. 2015년 자동차 제조사인 GM은 조사 끝에 이 결함으로 124명이 사망하고, 274명이 부상을 입었다는 사실을 알게 되었다. 315쪽의 내부 보고서를 조사한《포브스》의 카민 갤로는 만일 사고 초기에 적절한 소통이 이루어졌으면 이 사고는 모두 방지할 수 있었다고 말했다.

"GM의 많은 그룹 미팅과 위원회가 이 문제를 검토했지만, 그들은 적절한 조치를 취하고 못했고, 조치 또한 너무 느렸다." 보고서에 따르면, 사고에 대한 부적절한 단어 사용으로 인하여 조치가 늦어졌다고 했다. 문제의 초기에 점화 스위치가 잘못되었는데 이 문제를 단순히 "소비자 편의" 문제로 취급한 것이다. 이 두 단어 때문에 점화 스위치가 사용자를 조금 불편하게 한다는 가벼운 인상을 주게 된 것이다. 그래서 경영자와 기술전문가들은 사람을 사망에 이르게 할 수 있는 치명적인 결함이라고 평가하는 대신, 단지 몇몇 소비자를 귀찮게 하는 문제로 여기게 된 것이다.

GM의 이런 사건은 단순한 소통의 문제보다 더욱 복잡한 것을 포함한다. 하지만 만일 초기 사고에 대한 보고서에서 "소비자 편의"라는 단어 대신 "생명 안전"이라고 사고를 분류했으면 어땠을까? 그랬으면 얼마나 많은 사람들을 구할 수 있었을까? 공학자와 과학자들은 자신의 의견을 듣는 사람들이 기술에 대하여 비전문가라는 사실을 매우 조심스럽게 고려하면서 그들과 소통하여야 한다. 우리는 그 보고서의 "소비자 편의"라는 용어가 공학자가 사용한 용어인지 알 수는 없다. 하지만 우리가 아는 것은 그 문제를 해결해야 하는 사람들에게 문제가 효과적으로 전달되지 못했다는 사실이다. 그 문제를 해결할 결정을 내리는 사람들은 기술적 문제에 비전문가들(전형적인 회사 경영진)이다.

기술 보고서 작성은 공학자가 어디에서 일을 하든 필요하다. 내가 일하던 건축 사무실에서 사람들은 보고서 작성을 실제적인 공학 일이 아닌 필요악으로 여기고 있었다. 특히나 갓 대학을 졸업한 신입 공학자들이 더욱 심했다. 이것은 잘못된 일이다.

대부분의 공학자들은 기술 보고서 '훈련'은 대학에서 한 과목 정도 교육을 받았다. 또한 이 과목은 기술을 잘 알지 못하는 사람들에게 복잡한 공학 시스템의 해석을 충분히 납득할 만한 수준으로 설명하는 것과 연관이 있을 수도 있다. 현직에서 일하고 있는 공학자 중에서 대학 졸업 후에 기술 보고서 작성 훈련을 받은 사람은 없을 것이다. 하지만, 앞의 GM 사건에서 보았듯이 부실한 기술적 보고서 작성이 많은 사람의 생명을 앗아가는 것을 보았다. 우리는 기술 보고서 작성의 기술을 향상시켜야 한다.

당신이 나와 비슷하다면, 우리는 대학 졸업 후에 기술 보고서 작성을 향상시키는 데 전혀 관심을 가지지 않았거나, 그럴 시간이 없었을 것이다. 그래서 다음에 기술 보고서 작성 능력을 향상시키는 요령 여섯 가지를 정리해놓았다. 이것을 적용하여 청중에게 공감을 가져오는 메시지를 잘 작성하라.

1. **청중의 수준을 알라**: 보고서를 읽는 사람은 누구인가? 당신 관점이 아니라 보고서를 읽는 사람의 관점에서 정보를 제공하라. 사무실에서 함께 일하는 전문적인 동료에게 쓰는 보고서의 용어는 일반 대중에서 알리는 블로그 용어와 다르다.

2. **간결하고, 꼭 찍어서 적어라**: 너무 장황하게 서술하지 말고 핵심을 바로 적어라. 읽는 사람이 기술적 배경을 알고 있는지 고려하라. 만일 모른다면, 메시지를 간단히 하라. 만일 당신이 회사의 소프트웨어 프로그램을 새로 구입한다고 하자. "새 프로그램은 운영 비용을 절감해서 시간이 지나면 회사의 이익이 증가할 것입니다"라고 말하지 말고, "이 프로그램은 비용을 절감

할 것입니다. 초기에 구매하면 10퍼센트 할인을 해주고, 시스템 해석에 필요한 시간은 5퍼센트 단축됩니다"라고 말하라.

3. **특수한 전문 용어를 피하라:** 보고서를 쓴다는 것은 자신이 얼마나 똑똑한지 알리는 것이 아니다. 핵심은 읽는 사람에게 정보를 공유하는 것이다. 하지만 전문적 학술지에 논문을 투고할 때는 전문적 용어를 사용해야 한다.

4. **사실을 놓치지 마라:** "내가 느끼기에" 또는 "나는 믿는다" "나는 희망한다"와 같은 감정을 기술 보고서에 사용하지 마라. 기술 보고서는 좌절이나 분노를 표현하는 것이 아니다. 우리는 개인적 감정 없이도 이야기를 통해서 감정적이 될 수 있다. 화가 나서 이메일을 쓰려고 하는가? 바로 이메일을 작성하라. 하지만 바로 보내지 말고, 다음날 다시 한 번 읽어보고 보낼지 말지 결정하라. 엄마에게 화풀이하는 메일이 아니라면, 문구를 잘 수정하거나 보내지 마라.

5. **'우리'라는 표현을 쓰라:** 보고서를 읽는 사람은 당신 개인에게는 관심이 없다. 단지 당신이 전하고자 하는 것에 관심이 있다. 그래서 '나' 대신에 '우리'를 쓰는지, 제3자의 관점에서 서술하라. 이메일을 쓸 때, "나는 당신의 공학 해석이 틀렸다고 생각합니다"라고 쓰는 것과 "우리는 당신의 해석과 견해 차이를 가지고 있습니다. 당신의 문제 해결 방식에 대해 좀 더 자세히 알려 주

시기 바랍니다"라고 쓰는 것은 매우 다르다.

6. **적극적으로 목소리를 내라:** 우리가 적극적으로 목소리를 높일 때 메시지는 좀 더 간결해진다. 예를 들면 "구조 공학에 특정적으로 필요한 전문 공학 면허는 10개 주에서 요구한다는 것을 발견했습니다"라고 말하는 대신 "단지 10개 주에서만 구조 공학의 전문 면허를 요구합니다"라고 말하라.

말로 소통하기: 당신의 목소리를 찾아라

능숙한 발언자는 자신이 말할 때 방 안의 청중을 휘어잡는다. 그들의 말 한마디에 청중이 매혹된다. 그들은 엄청난 영향력을 가지고 있다. 마틴 루터 킹 목사는 시민운동의 기폭제가 된 "나는 꿈을 가지고 있습니다"라는 연설을 통하여 사람들에게 영감을 주었다. 히틀러는 자신의 능숙한 연설 솜씨로 전쟁을 일으켰다. 오프라, 오바마, 처칠, 스티브 잡스 모두 자신의 성공과 영향력을 바로 말을 잘하는 솜씨 덕분이라고 말했다. 만일 우리가 영향력 있는 공학자가 되기를 열망한다면, 위대한 연설가의 말하는 기술에서 많은 것을 배울 수 있다. 그들은 태어날 때부터 위대한 연설가는 아니었다. 위대한 연설가가 되기 위해 기술을 연마했다.

다행스럽게도, 우리 공학자들은 위대한 연설가가 될 필요는 없다. 단지 대화를 잘할 정도의 기술만 있으면 된다. "하지만 TED Talk

로 유명해진 라디오 아나운서 셀레스트 헤들리는 친구, 동료, 그리고 상사와 의미 있는 대화를 나눌 수 있는 것은 매우 가치 있는 재능인데, 사람들은 이런 재능을 갈고닦는 데 시간을 투자하지 않는다"라고 말했다.

지금과 같은 전자기기에 의한 소통의 시대에, 대화하는 기술은 장차 없어질 소통 방식이다. 우리는 휴대폰으로도 통화보다 문자나 대화 앱을 사용해서 소통한다. 하지만 공학 영역에서는 아직도 대화를 잘하고 대중 앞에서 두려움 없이 발표를 잘하는 사람을 선호한다. 이번 장에서는 직장에서 좀 더 큰 영향력을 갖기 위해 자신의 목소리를 활용하는 방법을 배울 것이다.

자신의 목소리 파악: 목소리와 음높이

실비아 휴렛의 저서 『리더의 존재감은 어디서 오는가(Executive Presence)』에서 그녀는 많은 회사 임원들이 인용하는 말하기 기술에서 일반적인 잘못을 설명하였다. 가장 분명한 범인은 불분명하게 말하기, 잘못된 문법, 강한 억양, 또는 "음~", "알다시피", "에~"와 같은 필요 없는 단어를 쓰는 것이었다. 하지만 두 번째로 중요한 것은 음색과 음높이였다. 실비아는 다음과 같이 말했다. "누구나 귀에 거슬리는 목소리는 기억할 것이다. 너무 높은 음이거나, 속으로 우물대거나, 거칠고 쉰 목소리 등이다. 특히 우리가 인터뷰한 여성은 날카로운 목소리를 가졌다. 일반적으로 여성은 감정적이 되거나 방어적이 되면 음색이 올라가고 그리하여 동료나 고객이 듣지 않으려 한다. 그녀는 리더가 될 기회를 놓치게 된다."

사람이 말을 할 때 대부분의 사람들이 편안함을 느끼는 음색과 음높이의 범위가 있다. 이 범위에 있는 사람들은 "리더가 될 기회"에서 멀어지지 않는다. 남성 목소리의 대부분이 이 범위에 해당한다. 하지만 대다수 여성의 목소리는 이 범위를 벗어난다. 많은 연구 결과는 낮고 깊이 있는 목소리가 리더의 위치와 연관이 높다고 한다.

남성 CEO를 대상으로 한 연구에서, 목소리의 음높이가 1.0퍼센트 정도 낮아지면, 회사의 크기에 따라 3천만 달러의 수입이 증가된다고 했다. 따라서 대형 회사의 경우 이것은 엄청난 금전적 보상이 된다. CEO의 평균 목소리는 125Hz이며, 이것은 보통 남성의 평균값이다. 하지만, 여성의 평균 목소리는 200~230Hz이다. 아쉽게도 이 연구에서 여성 CEO는 포함되지 않았다.

당신은 이런 주파수에서는 목소리가 어떻게 들릴까 궁금할 것이다. 제임스 얼 존스는 85Hz이었고, 줄리아 로버트는 171Hz, 그리고 우리 모두 인정하는 날카로운 목소리의 소유자 로제나 바는 377Hz였다.

또한 우리는 상황에 따라서 목소리의 높이가 변화한다는 것을 알고 있다. 만일 당신이 있는 방에서 어떤 사람이 전화 통화를 하고 있다면, 당신은 그 사람과 통화하고 있는 사람과의 관계를 알 수 있을까? 아마도 전화할 때 목소리의 높이로 대략 알 수 있을 것이다. 남성이나 여성은 자신의 아이들 또는 사랑하는 사람과의 통화에서는 목소리가 높아진다. 하지만 심각한 회의에서는 목소리를 낮춘다. 문화적으로 보아서 낮은 목소리는 리더십과 연관이 크다. 이런 관점이 성차별인가? 대부분은 동의하지 않는다. 중요한 점은 높은 음정의 목소리를 내는 사람에게는 상사가 기꺼이 피드백을 주고 싶지 않다는 것이

나의 경험이다.

여성 공학자는 이러한 목소리의 과학적 특성을 이해하는 것이 필요하다. 이것을 한번 알아차리면, 대부분의 여성 공학자들은 목소리를 조절하려고 노력해서 마치 천성적인 것처럼 목소리를 조절한다. 영국 수상 마가렛 대처는 보이스 코치의 도움으로 목소리를 조절하였다. 왜냐하면 BBC 방송 출연에서 그녀의 목소리는 너무 거칠어서 정치적으로 아무도 그녀를 중요하다고 여기지 않았기 때문이다. 하지만 그 후 그녀는 1979년부터 1990년까지 영국 수상을 지냈다.

당신의 목소리를 찾아라: 명쾌한 메시지를 만들어라

우리 대부분은 어릴 때부터 "말하기 전에 생각하라"고 배웠다. 생각은 우리의 머리에서 명료한 메시지를 만들도록 한다. 그 후에 우리는 그 생각을 밖으로 표현한다. 일반적으로 남성은 여성보다 말이 적다. 따라서 공학 세계에서 여성은 "생각을 입 밖으로 내어 중얼중얼 말하는" 자연적 경향에 주의를 할 필요가 있다. 그래서 결정을 내리기 전에 모든 가능한 선택지 – 그냥 먼저 말하지 말고 – 를 논의한 후에 결정하라.

여성들이 자연적으로 하기 쉬운 "생각을 입 밖으로 내어 중얼중얼 말하는" 것은 어떤 상황에서는 주저하거나 자신이 없어 보이는 것으로 여겨진다. 간결하게 말하고 핵심에 다가가는 것은 남성, 여성 모두에게 자신감을 보여준다. 당신이 무엇을 말하는가보다는 어떻게 말하는가가 더욱 중요하다는 것을 기억하라. 우리 뇌 측두엽에 있는 해마는 우리가 결정을 내리는 데 관여한다. 이것은 목소리의 신호에 반응하지는 않는다. 해마는 감정에 반응을 한다. 과학적 연구 결과는 자신 있게 표현을 하는 것이 메시지의 종류에 상관없이 중요하다는 것을 알아냈다.

여성은 남성보다 자신의 메시지를 약화시키는 말을 자주 사용한다. 주로 "미안합니다," 또는 "바로" 같은 말들을 사용함으로써 상대방의 요구에 따르려고 한다. 수동적이나 공격적인 단어, 그리고 지나치게 고상한 용어를 사용하는 것 또한 듣는 사람에게 분명한 메시지를 전달하기 어렵다. 당신이 첫 번째 프로젝트를 진행하면서 당신 상사에게 이렇게 말했다고 하자. "나는 내 해석이 맞는 것 같다고 믿고 싶다. 하지만 내가 올바른 가정을 사용했는지 확신할 수 없다." 이 말이 상사에게는 어떻게 들릴까? 만일 "내가 사용한 가정이 맞는다면 내 해석은 맞는 겁니다"라고 말했다고 하자. 만일 당신이 상사라면, 어떤 말에 더 신뢰가 갈까?

나는 종종 여성들이 말을 할 때 사과하는 듯한 말을 하는 것을 보면 깜짝 놀란다. "오늘 네가 기분이 안 좋다고 하니 너무 미안하구나"라는 말은 가까운 친구에게만 사용하라. "미안합니다"라는 말은 길을 걷다가 누구랑 부딪치면 그때 사용하라.

왜 여성은 말할 때 사과를 자주 하는가? 남성과 여성 모두가 사과를 할 상황에서 여성들은 자신의 행동이 공격적이었다고 여기는 문턱이 남성보다 낮다는 연구 결과가 있다. "습관적으로 과도하게 사과하는 것, 즉 '미안합니다'라고 말하는 것은 사실 단순히 '저기요, 죄송한데요'라거나, 긴장을 풀기 위한 것임에도 당신의 뜻과 반대로 작동한다"라고 콜로라도 주립대학 심리학과 교수 브라이언 딕은 말했다. "자신이 잘못이 없는데도 만성적으로 사과를 하는 것은 자신의 존엄을 무너뜨리고, 다른 사람을 불편하게 하고, 당신의 반대자들에게 갈고리를 주는 것이다."

또한 과도하게 사과를 하면 상대방이 당신을 신뢰하지 못한다. 이 부분에서 당신이 많은 것을 얻지 못했다면, 당신이 정말로 책임질 사안이 아닌 모든 이메일에서 "미안합니다"라는 단어를 지워버려라.

또 다른 나쁜 말버릇은 "그렇지 않나요?" 하면서 말꼬리를 올리는 것이나, 불평을 하거나, 쓸데없는 잡담을 나누는 것이다. 당신은 상대의 부정적인 말에도 영감을 얻어 긍정적인 행동을 한 경우가 있는가? 아마도 없을 것이다.

리더는 불평하지 않는다. 리더는 문제를 해결한다. 부정적인 사람들은 이렇게 말한다. "이거 참 문제네." 그러고 나서 무엇이 잘못되었는지 추측을 하고, 누가 이 잘못에 대한 책임이 있는지 찾는다. 리더는 이렇게 한다. "이것은 괜찮아. 이제 어떻게 이것을 개선시킬까?" 당신은 어떤 사람과 일하겠는가? 만일 그들이 도움을 요청한다면 어떤 사람을 도울 것인가? 어떤 사람이 최종적으로 승진을 하고, 중요한 프로젝트를 맡겠는가?

모두 일이 안 풀리는 날이 있다. 그래서 잡지를 보거나 친구와 만나서 기분을 푸는 것은 좋다. 하지만 우리의 부정적 생각과 말, 행동은 우리를 잡아끌고, 주변 사람도 우울하게 한다. 이것은 인생에서 잘 살기를 원하는 사람의 에너지와 시간을 낭비하는 것이다.

당신의 목소리를 찾아라: 발표와 격식을 차린 연설

"많은 연구에 따르면, 사람들이 가장 두려워하는 것은 대중 앞에서 말하기이다. 두 번째로 두려워하는 것은 죽음이다. 그럴듯해 보이는가? 그래서 일반인들이 장례식에 가면, 고인의 추도사를 연설하기보다는 관에 누워 있는 것이 낫다고 여긴다." 희극 배우 제리 사인펠드의 이야기다.

손이 땀으로 축축해지고, 숨이 가빠오고, 몸이 떨리고, 약간 두렵다. 이런 기분은 많이 익숙한 것 같다. 이건 마라톤을 뛰는 게 아니다. 내가 처음으로 초등학교 때 학부모들과 전문가 그룹 앞에서 원고를 읽은 때였다. 이제 20년이 흘러서 나는 국내 학회에서 전문가를 앞에 두고 발표를 하려고 한다. 손에 땀이 났는가? 아니. 심장이 요동치는가? 아니. 떨리는가? 조금. 이제 흥분이 되는 발표를 시작하자. 나는 내 지식을 세상과 나누려고 한다. 나는 그들이 어떻게 반응할지 모른다.

만일 당신이 타고난 연설가라면, 이 장을 생략해도 된다. 그렇지 않다면, 나는 당신을 돕고 싶다. 이것은 아무리 강조해도 지나치지 않는다. 만일 당신이 뛰어난 공학자가 되고 싶다면 당신은 대중 앞에서 말을 잘해야 한다. 당신의 상사, 전문가, 고객 앞에서 발표를 잘하는 능력을 길러야 한다.

물론, 당신이 발표의 전문가가 될 필요는 없다. 당신이 자신의 컴퓨터에서 대충 노닥거리는 것처럼 편안하게 발표하라는 것은 아니다. 당신의 목표는 자신을 당당하게 큰 소리로 표현하는 것이다. 직장에서나 회의에서나 학회 발표장에서 기회가 있을 때 발표를 자원하고 자신 있게 발표하는 것은 당신이 긍정적이란 것을 보여준다. 만일 당신이 이것을 주도적으로 한다면, 높은 위치로 올라가는 것이다. 전문가와 비전문가를 잘 연결할 수 있는 다리 역할을 하는 사람에 대한 수요는 매우 많다.

경쟁력 있는 발표자가 되는 것을 배우는 것은 다른 것을 배우는 과정과 유사하다. 지름길은 없다. 적극적으로 연습하고, 피드백을 받고, 다시 연습을 한다. 정치인이 처음부터 완벽한 연설을 하는 게 아니다. 그들은 많은 시간을 연설 전문가들에게 검토를 받고 연습을 한다.

아래에 말하기와 발표를 돕는 네 가지 연습 방법이 있다.

1. 건배 제의자 모임에 가입하라. 이 조직은 모르는 사람들 앞에서 발표하는 두려움을 개선하기 위한 조직이다. 대부분의 도시에 한 개 이상 있다. 더 자세한 정보는 웹사이트(www.toastmasters.org) 참고.

2. 어린아이들 앞에서 발표 연습을 하라. 몇 가지 장점이 있는데, 첫째, 비록 당신이 전문 지식을 틀리게 말해도 전문가 그룹에서 받는 압박이 없다. 두 번째는, 공학자를 포함해서, 대부분의 발표자가 필요한 일이다. 전문가 그룹보다 어린아이들의 집중을 유도하는 것은 더 어렵다. 어린아이들은 당신이 얼마나 똑똑한지 관심이 없다. 아이들은 당신이 얼마나 아이들을 즐겁게 하는지에 신경을 쓴다. 그래서 어린아이들은 발표 연습에 매우 좋은 그룹이다. 이 연습을 굳이 초등학교에 가서 할 필요는 없다. 당신 조카나 자녀와 함께해 보라.

3. 발표 기술을 단련하기 위해서는 자원하라. 당신이 열정을 가지고 있는 그룹에 자원하라. 만일 당신이 '해비타트 운동'에 자원봉사를 하고 있다면, 점심 회의 등에서 소개 정도의 간략한 발표를 자원해서 하라. 그러면 대중 앞에서 하는 발표의 두려움이 사라진다.

4. 당신 사무실에서 자신의 전문 분야에 대한 주제로 발표를 하면서 점심 식사를 대접하고, 배우는 기회를 가져라. 당신이 세계적인 전문가는 아니지만 그래도 사무실에서 다른 사람보다는 많이 아는 것이 있을 것이다. 당신이 최근에 참석한 학회나, 새로 찾아본 기술에 관한 발표를 해 보라. 이런 발표는 지나치게 형식을 갖출 필요는 없다. 내용을 간략히 적고, 몇 번 연습하고, 그리고 발표하라. 큰 소리로 발표하는 것은 자신의 메시지를 명쾌하게, 간단하게 전달할 수 있다.

말로 하지 않는 소통

말로 하지 않는 소통은 감성적으로 지성적이 되는 데 핵심적인 요소이다. 3장에서 보았듯이 감성 지성은 높은 성과를 내는 팀에서 요구되는 자질이다. 그것은 또한 회사의 높은 이익 창출과 연관되어 있다. 좀 더 확장해보면, 말로 하지 않는 소통을 마스터한다는 것은 다른 사람과 차이를 나타내는 리더가 되는 소질이다. 두 가지 영역에서 말을 하지 않는 소통의 기술을 발전시켜야 한다. 하나는 다른 사람의 몸짓에서 메시지를 읽을 줄 알아야 하고, 다른 하나는 당신의 말과 몸짓에서의 메시지가 같아야 한다.

모든 사람이 말을 하지 않는(몸짓 언어) 소통 경험이 있다. 공학자들은 보면, 상세한 것까지 많은 신경을 쓰기 때문에 말하지 않고 대화하는 것에 편안함을 느낀다. 우리는 몸짓 대화를 읽어내는 경험이 있다. 이런 실험을 통하여 증명해 보자. 영화를 보면서, 무음 버튼을 눌러 보자. 그렇게 몇 분간 시청하라. 당신은 화면 속 사람이 무슨 말을 하는지 알 수 있나? 만일 그렇다면, 당신은 몸짓 대화를 읽을 수 있는 것이다.

『사일런트 리더십: 리더가 반드시 알아야 할 신체 언어(The Silent Language of Leaders)』의 저자 캐롤 고먼은 두 사람이 단지 30분 동안에 800개의 몸짓 언어를 통하여 협상하는 것을 설명한다. 캐롤은 《포브스》에 이렇게 썼다.

당신의 말과 몸짓 언어가 일치하지 않으면, 그건 이상한 일이다. 뇌과학자들은 EEG라는 장치를 사용하여 "벌어진 일과 연관되는 잠재력"이라는 것을 측정했다. 이것은 뇌파의 높은 점과 낮은 점을 측정한다. 뇌파가 낮은 점에서는 말하는 사람의 말과 몸짓 언어가 모순되었다. 이것은 상식에 맞지 않는 말을 들었을 때 뇌의 파동과 같았다.

몸짓 언어는 자신의 말과 일치하여야 한다. 만일 다르다면 듣는 사람은 혼란을 느끼고, 그 말의 진실성이 떨어진다. 어떤 사람이 "만나서 반갑습니다"라고 말하면서 악수를 청하지 않을 때, 또는 어떤 사람이 피드백을 달라고 말은 하면서 팔짱을 끼고 전혀 그에 대한 준비가 없을 때를 생각해 보라. 이것은 말과 몸짓 언어가 모순적인 것이다.

당신은 몸짓 언어가 보내는 신호를 이해하는 것을 배워야 한다. 당신이 직장에서 당신의 효율성을 향상시킬 수 있는 몸짓 언어를 사용하는 네 가지 특정한 방식을 소개한다.

1. 공간을 충분히 활용하라. 당신의 움직임이 클수록 당신의 영향력과 자신감이 커진다. 5장에서 이것을 좀 더 자세히 알아볼 것이다.

2. 앉자 있거나 서 있을 때 어깨를 펴고, 고개를 곧게 들어라. 엄마가 구부정하게 있지 말고 바르게 펴라고 잔소리한 바로 그 자세다.

3. 눈을 마주치도록 하라. 이야기할 때 눈을 바라보는 것은 신뢰한다는 신호다.

4. 적절한 시간에 강력한 모습을 보여라. 왜냐고? 조금 과장적인 몸짓 언어가 우리에게 더 자신감을 준다. 『프레즌스(presence)』라는 책을 쓴 에이미 커디는 이런 예로서 "원더 우먼" 포즈를 제시했다. 한번 해 봐라. 손을 당신의 엉덩이에 놓고, 곳곳하게

서서 다리를 좀 벌리고, 머리를 곧게 든다.

이야기를 할 때 몸짓 언어를 사용하는 것은 자신감과 권위를 증명해 보이는 것이다. 모든 나라에서 잘 받아들여지는 문화는 아니지만, 미국에서는 남성들이 보다 과장된 몸짓을 한다. 여성들은 좀 더 소극적인 몸짓 언어를 사용하도록 사회적으로 조율을 한다. 이것이 의미하는 것은, 당신이 자신감 있는 여성이라면, 태어날 때부터 무의식적으로 소극적인 몸짓을 하라고 교육을 받았기 때문에 자신의 자신감을 표출하는 몸짓 언어를 사용하는 데서 갈등이 발생한다. 하지만 당신이 이 문제를 잘 인식하면, 그 다음부터는 문제가 없다. 아래의 세 가지 나쁜 몸짓 언어를 사용하지 않도록 하라.

1. 말하는 도중에 얼굴이나 머리를 만지지 마라. 귀 뒤로 머리를 잡지 말고, 머리를 빗지 마라. 손에 턱을 괴지 마라. 이런 행동은 초조감을 표현하고, 보는 사람의 신뢰를 잃는다. 여성들은 자신이 이런 행동을 하는 것을 잘 눈치채지 못한다. 혹시 이런 나쁜 버릇이 있다면, 사무실에서 몇 시간씩 머리를 올려라. 쪽진 머리나 올림머리가 일할 때는 적절하다.

2. 다리나 팔을 꼬는 것을 피하라. 이런 모습은 상대에게 당신이 집중하지 않거나 호전적이라는 인상을 준다. 이것은 냉랭한 분위기의 회의에서 종종 여성에게서 나타나는 도전 과제이다. 이런 때 나는 블라우스나 재킷을 입기 시작한다. 냉랭함을 떨쳐

버리고, 직업인의 모습으로 돌아가자는 의미이다.

3. 눈맞춤을 피하는 것은 자신이 없다거나, 부정직하다는 인상을
줄 수 있다. 하지만 째려보지는 마라. 단지 상대방이 눈맞춤을
끝낼 때까지 기다려라.

당신의 몸짓 언어가 직장에서 얼마나 효과적인지 어떻게 알 수
있나? 특히 부정적인 효과가 있는지 어떻게 알 수 있나? 대부분의 상
사는 당신의 몸짓 언어에 대한 즉각적인 피드백을 주는 데 어려움이
있다. 하지만 그들은 당신의 면전에서 또는 상사의 방에서 피드백을
줄 수 있다. 부정적인 피드백은 당신의 몸짓 언어가 어느 정도 비난받
을만하다는 것이다.

당신이 자신의 몸짓 언어를 개선하고 싶다는 필요를 느꼈을 때
가장 좋은 연습 방법은 발표를 할 때 녹화를 하고 다시 틀어보는 것이
다. 나는 이 방법을 애용했다. 앞선 영화에서 한 실험처럼, 소리를 끄
고 당신의 몸짓 언어가 주는 신호를 주시하라. 자신감과 경쟁력을 보
여주는가? 초초함을 보여주는가? 머리를 만지거나 꼼지락거리는가?
편안한 자세인가, 경직된 자세인가?

당신의 몸짓 언어가 당신의 지식을 전달할 때 자신감이 있도록
연습하라. 몸짓 언어의 좋은 예를 보고 싶다면, 구글의 'TED Talk'를
참조하라. 대략 20분 정도의 강연인데 전문가들이 어떻게 몸짓 언어
를 보여주는지 영감을 얻을 수 있을 것이다.

쓰고, 말하고, 몸짓 언어를 하나로 묶기:
직장에서 어떻게 소통을 해야 하나

당신의 소통의 세 가지 요소를 배웠다. 이제 이것을 직장에서 적용할 시간이다. 직장에서 당신의 영향력을 최대로 발휘하기 위해 어떻게 소통을 해야 하나?

상대의 말을 듣는 것과 상대의 몸짓 언어를 이해하는 것 두 가지를 상호 작용시키는 것이야말로 정보의 양의 측면에서 가장 가치 있는 상호 작용이다. 당신과 이야기를 하고 있는 사람을 잘 보는 것은 말 사이의 의미를 읽게 하고, 더 좋은 질문을 할 수 있게 한다.

직장에서 비즈니스 조직들은 다양한 형태의 소통을 하고 있다. 또한 세대가 다르면 선호하는 소통 방식이 다르다. 예를 들면, 나이 많은 공학자들은 직접 만나서 이야기하는 방식을 선호한다. 하지만 젊은 공학자들은 문자나 이메일을 선호한다. 나이 많은 그룹에서 이메일을 잘못 사용하는 경우가 허다하다. 나는 이메일을 논문 한 편 분량으로 길게 쓰는 공학자를 본 적이 있다. 어떤 공학자들은 직접 대면해서 이야기하기엔 불편한 관계일 때 이메일을 활용하거나 전화 통화를 한다. 몇몇 사람은 이메일은 반드시 답장을 해야 한다고 믿고 있다.

이런 상황을 고려해서, 우리가 어떻게 직장에서 소통을 해야 메시지가 효과적으로 전달되는지 살펴보자. 몸짓 언어가 말하는 것보다 많은 정보를 제공하므로, 가장 효과적인 소통은 서로 보면서 상호 작용을 하는 것이다. 만일 효과적인 소통의 정의를 다른 사람에게 간섭받지 않고, 당신 의도와 다르지 않게 전달하는 것이라면, 다음에 있는 목록을 잘 활용해야 한다.

1. 직접 대면해서 말로 하는 소통이 가장 좋은 상호 작용이다. 이렇게 하면 말과 몸짓 언어 모두 풍부하게 사용할 수 있고, 그래서 잘못 이해하거나 해석할 가능성이 적다. 또한 몸짓 언어에서 나온 신호를 알아차리고 감성 지능을 사용하여 질문을 잘할 수 있다. 그리하면 더 좋은 정보를 공유할 수 있다. 이런 소통 방식을 가장 우선적으로 선택하여야 한다. 이런 방식의 소통은 나쁜 소식을 전하거나, 월급을 올려달라고 할 때 적절하다.

2. 화상 회의는 소통하는 사람을 볼 수 있다는 장점이 있다. 이런 방식은 앞의 1번 소통 방식과 매우 유사하다. 하지만, 소통의 효율성은 화면의 해상도, 방의 불빛 등으로 다소 떨어진다. 게다가 종종 몸짓 언어의 미묘한 차이를 못 볼 수도 있다.

3. 만일 1번, 2번 방식이 현실적으로 어렵고, 논의할 내용이 있다면 전화 통화를 하라.

4. 이메일은 회의 요약이나 간단한 질문에 답할 때 가장 적절한 소통이다. 하지만 점점 이메일이 가장 기본적인 소통 방식이 되고 있다. 평균적인 사람은 하루에 88개의 이메일을 받는다. 게다가 모든 이메일에 답장을 하는 것은 생산성을 모두 소진한다는 연구 결과가 있다. 1,000명의 직장인에게 물어 보았더

니 매일 4.1시간을 이메일 답장에 소비한다고 대답했다. 직장에서 이메일을 체크하는 데 이 정도 시간을 쓰면 실제 공학 일은 언제 하는가?

특히 이메일은 난감한 대화 주제에서는 사용하지 말아야 한다. 왜냐하면 오해를 살 가능성이 높기 때문이다. 우리가 이메일을 받으면, 속뜻을 생각하느라 시간을 소비한다. "이 문장의 본래 의미는 뭘까?" 이메일은 장시간 대화에는 적합하지 않다. 당신이 한 가지 문제에 대하여 두 번 이상 이메일을 보냈고, 질문이 해소되지 않았다면, 앞의 1, 2, 3번 방식으로 소통하라. 그렇지 않으면 그것은 시간 낭비다.

5. 문자를 보내거나, 잡담을 하는 것은 친구, 가족, 동료에게는 좋은 방식이다. 대부분의 회사에서도 비공식적 대화방을 개설해서 다른 회사와 편하게 연락하도록 한다. 하지만, 문자는 외부 비즈니스 조직이나 내부 그룹에게는 적절하지 않다. 당신 고객이 문자를 주고받는 것을 좋아하지 않는다면, 문자를 보내지 마라. 특히 거래상의 내용이라면 문자 또한 이메일처럼 오해를 받을 수 있다.

직장에서 효과적인 소통의 핵심적 규칙은 황금률을 따르는 것이다. 당신이 원하는 방식으로 소통하지 말고, 상대방이 원하는 방식으로 소통하라. 만일 상대방이 어떤 방식을 좋아하는지 모른다면, 그들에게 물어보라. 만일 상대방은 전화 통화를 선호하고, 당신은 이메일을 선호한다면, 먼저 전화로 통화를 하고, 이메일로 정리하여 보내라. 나이 많은 공학자는 전화 통화를 선호하고, 젊은 사람은 문자를 선호한다. 당신의 메시지를 잘 전달하고자 한다면, 어떤 방식으로 소통할지는 당신이 결정할 문제이다.

○

요점

8

4장에서 당신은 듣는 사람이 공감할 수 있는 메시지를 만드는 것이 얼마나 중요한지 배웠다. 기술 보고서에서 정확한 용어를 사용하는 것이 사람의 생명을 구할 수 있다는 것 또한 배웠다. 듣는 사람에게는 메시지 내용보다 어떤 방식으로 말하느냐가 더욱 영향력이 있다는 것을 알게 되었다. 소통의 기술은 잠재적인 리더십과 리더로 존재하는 것과 연관이 깊다는 것을 발견했다. 회사 임원이 되기 위해서는 이런 기술을 잘 연마해야 한다는 것을 배웠다.

또 당신은 직장에서 말하기, 쓰기 그리고 몸짓 언어를 사용하는 소통 방식을 배웠다. 또한 소통의 황금률을 배웠다. 5장은 4장에서 배운 원리를 바탕으로 작성되었다. 당신의 지식, 전문성, 그리고 소통 기술을 어떻게 사용해야 회의나 모임에서 영향력 있는 사람이 될지 배울 것이다. 사람들과 인맥 쌓는 게 싫은가? 5장을 읽으면, 직장에서 인맥 쌓기에 대한 자신감이 생길 것이다.

더 고민하기

당신은 4장에서 많은 기초적인 지식을 배웠다. 당신의 경력을 가속화하는 두 종류의 도전 과제가 있다. "하지 말 것" 목록에는 당신의 소통 습관에서 반드시 없애야 할 것들이다. 그러면 당신은 여성 공학자로 자신감을 가지게 될 것이다. "해야 할 것" 목록은 당신의 소통 기술을 향상시키기 위해 해야 할 과제들이다.

도전 과제: 하지 말 것

1. **사과**: 불필요한 사과를 하지 마라. 하루에 몇 번이나 "미안합니다"를 했는지 숫자를 세어라. 분명한 당신 잘못이 아니라면 "미안합니다"를 하지 마라. "미안합니다"라는 말 대신 "저기요, 죄송한데요"라는 말을 쓰던지, 아예 그런 말을 쓰지 마라.

   보너스 요령: 동료에게 그런 말을 쓰는지 세어달라고 하자. 만일 불필요한 상황에서 그런 말을 쓰면 동료에게 천 원씩 준다고 하자.

2. **약점을 없애라**: 약하고 애매한 단어 대신 강한 단어를 사용하라. "내가 믿기로는", "그런 것처럼", "아마도"를 사용하지 마라.

3. **팀에서는 '나'라는 단어를 사용하지 마라**: 모든 소통 방식에서 '나' 대신에 '우리'라는 단어를 사용하라. 오늘 당장 이메일부터 이것을 실천하라.

도전 과제: 해야 할 것

1. **긍정적 느낌**: 3장에서 배운 30분간 불평 안 하기 도전을 기억하라. 이제는 하루 종일 안 하기를 시도하자. 주위의 사람들은 당신의 긍정적 에너지에 반응할 것이다. 당신의 '할 수 있다'는 자세에 다른 사람들이 주목할 것이다.

2. **힘 있는 발표**: 안락한 상태를 벗어나서 올해 당신의 목표에 대하여 5분 정도 발표하라. 당신 상사에게 15분 정도 회의 시간에 이런 발표를 하고 싶다고 요청하라.

3. **생산성을 높여라**: 일주일에 하루는 이메일을 3번까지만 체크하고 답장을 한다. 그러면 얼마나 많은 공학 일을 처리하는지 관찰하라. 만일 당신 상사가 왜 이메일 답장을 안했는지 물으면, 상사에게 당신 상황을 알려주라. 그리고 그 결과 생산성이 얼마나 향상되었는지 알려주라. 그러므로 해서 당신은 생산성이 얼마나 향상됐는지 놀랄 것이다.

chapter 5

회의와 인맥 관리

5장에서는 회의와 인맥 관리에서 당신의 영향력을 어떻게 증대시키는지 배울 것이다. 당신은 고객을 맞이하는 역할을 맡은 여성 공학자로서 당신을 어떻게 보여주어야 하는지 배울 것이다. 사실 대부분의 남성들이 판을 치고 있는 공학 분야에서 회의와 인맥 관리에서 여성의 모습은 마치 가면을 쓰고 행동한다는 심리적 압박이 있다. 그래서 회의실이나 모임에서 당신이 유일한 여성인 상황에서도 당신 내부의 심리적 압박을 피할 수 있는 특정한 방식을 살펴볼 것이다.

당신은 사무실에서 어떻게 옷을 입어야 하는지에 대해서도 배울 것이다. 이것은 여성 공학자가 멋을 부리는 것이 아니라, 온통 남성들, 특히 공학자들의 전형적인 복장으로 둘러싸인 사무실에서 어떻게 자신을 보여주어야 하는가 하는 과제이다.

비록 당신이 나와 같은 내성적 사람일지라도, 당신은 직장에서 어떻게 인맥을 쌓아야 하는지 배울 것이다. 인간관계를 맺을 때는 1장에서 배운 원리들을 어떻게 효과적으로 적용하는지 배울 것이다. 5장을 끝마치면, 당신은 더욱 자신의 영향력에 자신감을 가질 것이고 경력의 무한한 발전에 필요한 문을 열게 된다.

회의를 잘 준비하라

테드는 프로젝트 관리자로서 처음으로 고객과의 회의를 주관한다. 얼굴에 미소를 띠고, 고객과 반갑게 인사를 한 후, 악수를 하고, 고객의 자녀들 안부를 묻는다. 그리고 이 지역 하키 팀의 결승전 진출 이야기를 한다. 몇 분 후, 그들은 회의를 시작하고, 편안한 목소리로 이야기를 나눈다. 회의 후에 고객은 자신의 공학적 관심사를 충족시켰고, 회의에 몰입한 기분을 느꼈다. 고객은 자신의 주문이 잘 전달되었고, 그것이 설계에 잘 반영되었다고 느꼈다.

샐리는 프로젝트 관리자로서 처음으로 고객과의 회의를 주관한다. 그녀는 몇 주 전부터 회의 준비를 해왔고, 내용도 완벽하게 이해했다. 다음날 회의실에서, 그녀는 핵심적인 사항을 다시 한번 살펴보았다. 가능한 빨리 일에 대한 이야기를 나누고, 그리고 자신이 얼마나 전문가인지 보여주고 싶어서 회의실에 앉자마자 바로 본론으로 들어갔다. 그녀는 노트북을 켜고 앞자리에 앉아서 팔짱을 꼈다. 회의실이 추웠기 때문이었다. 회의가 시작되자, 목소리는 너무 격식을 차렸고, 지나치게 사무적이었다. 회의를 마친 후, 고객은 샐리가 똑똑하지만, 자신과 충분한 교감은 없다고 느끼면서 떠났다.

만일 당신이 고객이라면, 어떤 회의에 참석하고 싶은가? 테드와 샐리의 상사 중에서 누가 이 회의를 긍정적으로 평가하겠는가? 만일 당신이 테드와 샐리의 상사이고 이 회의를 지켜보았다면, 새로운 고객과의 신규 프로젝트에 누구를 배정하겠는가?

몇몇 여성 공학자들은 샐리처럼 행동한다. 왜냐하면 그녀들은 자신을 증명하고 싶기 때문이다. 나는 처음 직장 일을 할 때, 회의에서 내가 하고 싶은 의견을 정리하여 남성들만 있는 회의에 참석했다. 대부분의 회의 내내 나는 오직 내가 하고 싶은 이야기에만 집중했다. 하지만 이런 행동은 자신의 잠재력을 제한하는 것이다. 내가 하고 싶은 말에만 집중하면 앞의 3장에서 이야기했던 경청은 이루어지지 않는다. 우리가 자신에게만 빠져 있으면, 우리의 감성 지능을 발전시킬 수 없다.

샐리처럼 행동하는 또 다른 여성들의 경우에는, 그녀들은 사람들 앞에서 이야기하는 데 어떤 두려움이 있기 때문이다. 이 문제는 처음 직장 일을 하는 나에게도 어려운 과제였다. 나는 남성들이 꽉 찬 회의실에서 약간의 불편함을 느꼈다. 그리고 그런 느낌은 10년이 지난 지금도 나아지지 않는다. 몇몇 회의에서 나는 "난 이 회의실에 없는 사람이야"라는 생각도 했다. 내가 회의를 주관하는 경우에도 아직도 이 문제를 완전히 해결하지는 못했다. 이런 성가신 가면 중후군은 종종 내 정신을 빼앗아간다.

어떻게 해야 이런 의심을 떨쳐 버릴 수 있나? 만일 당신이 나와 비슷한 사람이라면, 왜 이 회의에 나를 참석시켰는지 잠시 기억하라. 당신이 회의에 참석한 것은 팀에 다른 관점을 제시하고, 그것이 팀에 유익하기 때문이다.

모든 회의에서는 배울 기회가 반드시 있다는 것을 생각하라. 만일 당신이 회의에서 어떤 것을 배운다면, 가면증후군은 사라진다. 왜냐하면 남들에게 뭔가를 증명할 필요가 없기 때문이다. 앞의 3장에서 배운 다소 엉뚱한 질문을 회의에서 지속적으로 한다면, 당신에 대한 신뢰를 커질 것이다. 당신의 전문 지식과 소통 기술을 잘 조합하면, 사람들과의 만남은 당신의 영향력을 증대시키는 기회가 될 것이다. 신뢰를 쌓는 것은 앞의 테드의 경우에는 성공했고, 샐리는 실패했다.

옷을 적절하게 입는 것 또한 가면증후군을 최소화하는 데 도움이 된다. 많은 여성들이 이 점에 동의를 한다. 옷은 회의나 모임에서 당신의 무기가 될 수 있다. 깔끔한 옷맵시는 당신에게 자신감을 줄 것이다.

옷깃이 있는 재킷이나 블라우스는 대부분의 여성 공학자들이 업무에 관련된 회의에서 입기 적절한 옷이다. 당신은 옷 색깔을 밝게 하거나 어둡게 하면서 상황에 맞출 수 있다. 재킷이나 블라우스는 두 가지 목적에 적합하다. 하나는 당신에게 좀 더 권위를 부여한다. 만일 의심된다면, 그런 옷을 입고 사진을 찍거나, 옷 잘 입는 친구에게 느낌을 말해달라고 하라. 둘째는 회의실은 일반적으로 냉방이 되기 때문에 춥게 느껴진다. 옷깃이 있는 옷은 좀 따뜻함을 느끼게 하고, 추워서 팔짱을 끼는 나쁜 모습을 보이는 샐리의 상황을 피할 수 있다.

이제 당신은 어떤 옷이 회의나 모임에 적절한지 배웠다. 아래 항목은 입으면 안 되는 것들이다.

1. 한 번도 시도하지 않은 옷은 피하라. 중대한 회의나 발표 또는 모임은 새로운 신발이나 새로운 옷을 개시할 적절한 타이밍이 아니다. 대부분의 공학적 모임에서는 가벼운 옷차림보다는 클래식한 복장을 선호한다.

2. 혹시라도 잘못될 상황이 연출될 것 같은 옷은 피하라. 만일 당신이 어떤 것을 지적하려고 테이블에 기대거나 할 때, 보는 사람들이 당신의 치마 때문에 불편할지 모른다. 또는 바닥에 떨어진 것을 주우려고 할 때 보는 사람이 불편할지 모른다. 걸을 때 불편하지 않은 신발을 신었는가도 잊지 말자.

3. 회의에는 잘 어울리는 옷 색깔이 있다. 붉은 색 재킷은 강력한 힘을 보여주지만, 약간 위험한 선택이다. 푸른색과 회색은 힘과 신뢰를 보여준다. 잘 어울리는 색깔을 선택하라.

가면증후군을 피할 수 있는 또 다른 단계는 중요한 회의나 모임에서 자연스러운 자세를 연습하는 것이다. 2분만 준비하면 당신은 자신감을 가질 수 있다. 조금 일찍 도착해서 화장실에 가서 자세를 연습하라. 다리를 좀 벌리고 당당히 어깨를 펴고, 원더우먼 자세를 생각해라. 조금 일찍 도착하면 서두르거나 평정심에 대하여 걱정할 필요가 없다. 또한 일찍 도착하면, 회의 전에 사람들과 인사하고 신뢰를 쌓는 시간을 가질 수 있다. 당신이 회의에 도착했다고 하자. 당신은 자리에 앉자마자 자료를 펼칠 것이다. 자리에 앉으면 주위 공간을 살펴라. 당신의 컴퓨터, 서류 등등. 의자에 똑바로 앉아서 팔짱을 끼지 않는 것은 당신이 회의에 집중하고 있다는 증거이다.

발언을 할 때는 자신 있게, 간결하게 말하라. 침묵은 종종 상황을 비웃는 것처럼 여겨진다. 또한 4장에서 배운 불필요한 말(미안합니다, 음, 그런 것처럼, 네, 바로 등)을 피하라.

앞에서 여성 공학자들이 '생각하는 것을 입으로 중얼거리는' 위험성에 대해 이야기했다. 다양한 의견을 모으는 브레인스토밍이 아니라면, 말할 때 간결하게 하라. 회의 전에 자신이 말하고자 하는 것을 몇 가지로 요약하라. 그러면 발언할 때 자신감을 가지고 간결하게 말할 수 있다. 나는 구글의 TED Talk에서 어떤 여성이 발표하는 것을 보고, 그녀가 말하는 방식을 흉내내려고 연습했다.

또한 3장에서 배운 긍정적 사고 또한 활용할 수 있다. 직장에서 갈등은 불가피하다. 또한 회의에서도 종종 나타난다. 이럴 때 상대를 비난하거나, 손가락질을 하거나, 지나치게 공격적인 되는 것은 여성 공학자에게는 특히나 치명적인 행동이다. 대신 협력하여 해결책을 찾도록 하라. 개인적인 문제와 연관해서 말하지 마라. 당신이 발언할 때 어떤 사람이 말을 끊으면, ─실제로 나는 참석한 대부분의 회의에서 이런 사람 한 명을 꼭 보았다─ 그 사람의 발언을 끊어라. 대부분의 회의에서 한두 사람이 회의를 주도한다는 연구 결과가 있다. 그런 경우에는 그들의 발언을 막아라. 이런 분위기는 팀이 낮은 수행 능력을 보인다는 신호이다.

마지막으로, 회의실에서 여성이 당신 혼자라면, 당신은 회의록을 작성하거나 커피 심부름 요청에 대하여 "아니요"라고 말할 선택권이 있다. 하지만 당신이 가장 젊은 직원이고, 상사가 정중히 요청하면, 그때는 그 일을 하라. 만일 당신이 이런 일을 지속적으로 한다면, 이런 일은 교대로 하자고 요청하라. 한편 당신이 회의록을 작성한다면, 당신은 새로운 회의 안건을 제안할 수 있고, 다음 회의를 잘 진행하는 데 도움을 줄 수 있다.

인맥 관리

나는 직장에서 "인맥 관리"라는 말을 직장동료가 꺼냈을 때, 눈을 굴리거나 낮은 신음소리를 냈다. 이런 일은 마케팅 전문가가 하는 것 아닌가? 우리 공학자는 공학 일만 잘하면 되는 것 아닌가?

당신은 "인맥 관리"라는 말을 들으면 무엇이 떠오르나? 즐거운 회식 시간? 중고차 판매원의 전략? 많은 사람이 모인 장소에서 서로 명함을 교환하는 것? 나이든 사람들과 골프장에서 사교하는 것? 페이스북의 '좋아요'를 누르면서 댓글을 다는 것?

이런 것들이 내가 "인맥 관리" 하면 떠오르는 선입견이었다. 사실 나는 페이스북의 친구 맺기는 잘 못한다. 나는 이런 속담을 떠올렸다. "당신이 아는 것보다는 당신이 누구를 아는가가 더욱 중요하다." 하지만 고도의 기술적 공학 영역에서는 이 속담이 잘 맞지 않는다. 당신이 누구를 알고 있는가는 공학 계산이나 컴퓨터 프로그램과는 아무 관련이 없다.

하지만 글로벌 경제 체제에서는 어떤 직장이든 안전하지가 않다. 그래서 우리는 새로운 직장을 찾을 때 인맥을 이용한다. 미국 노동 통계청이 발표하기를 새로운 직장의 70퍼센트는 인맥으로 구한다고 했다. 2016년도 앨더 그룹이 실시한 3,000명 직장인의 링크인 조사는 이 수치가 85퍼센트까지 올라간다. 당신의 인맥이 넓을수록 당신을 아는 사람이 많아진다. 당신을 아는 사람이 많을수록 당신의 꿈을 실현할 수 있는 경력을 쌓는 기회가 많아진다. 이 일에 필요한 것은 자신을 소개하는 것이다.

우리는 아이디어와 협업의 시대에 살고 있다. 대부분의 기업 성공은 몇몇 뛰어난 발명가 덕분이다. 우리가 사용하는 편리한 것들은 불과 10년, 15년 전에는 존재하지 않았던 것들이다. 우리가 앞으로 보게 될 대부분의 기술적 진보는 다른 영역의 경계에서 발생할 것이다. 온라인 쇼핑과 식료품 판매의 결합은 몇 년 전에는 상상할 수 없었던 불가능한 일이었다.

당신의 생산품에 영향을 받을 다른 사람의 관점에서 당신의 기술적 영역을 보는 능력은 매우 중요하다. 당신의 인맥을 자신의 기술적 영역 이상으로 확장하는 것은 비록 지금은 존재하지 않는 당신의 미래에 중요한 기회를 제공한다.

인터넷은 인맥 관리에 큰 변화를 가져왔다. 특히 내성적인 사람에게는 긍정적인 변화를 가져왔다. 이제 만나지 않고 멀리 있어도 인맥 관리가 가능하다. 페이스북, 인스타그램과 같은 소셜 미디어를 통해서 우리는 방 안에 있으면서도 관계를 맺고, 영향을 줄 수 있다. 게

다가 온라인 연결은 직접 만나는 것보다 속도가 빠르다. 페이스북의 친구 맺기에 자신의 프로필을 올리면 공통 관심을 가지고 있는 사람과 쉽게 연결될 수 있다. 게다가 모임에서 모르는 사람들에게 자신을 소개하는 것에 비해서 스트레스가 적다. 온라인 인맥 관리는 당신의 시야를 확대시킨다. 당신이 쓴 글이나, 사진, 동영상은 연결된 사람 모두에게 신속히 배포가 된다. 과거에는 직접 전달해야 하는 어려움이 있었다.

하지만 직접 대면하는 인맥 관리는 종종 필요하다. 4장에서 배웠듯이, 직접 대면하는 회의는 온라인보다는 깊은 연대감을 가져다준다. 하지만 온라인 만남은 직접 참석해야 하는 모임을 선택적으로 고를 수 있게 하고, 직접 참석하는 횟수를 줄일 수 있다. 또한 우리는 직접 만나는 모임에 참석을 해도, 우리가 잘 모르는 사람들이 있는 곳으로 갈 필요는 없다. 사전에 인터넷으로 충분히 정보를 교환하여 편한 곳에서 만날 수 있다.

인맥 관리는 얄팍한 전략이나 쓸데없는 잡담을 나누는 것이 아니다. 그것은 당신과는 다른 사람들을 만나는 것이고, 그들과 좋은 관계를 맺는 것이다. 만일 당신이 새로운 친구를 만드는 기회로 인맥 관리를 한다면, 5장에서 배우는 도구를 이용하는 것은 매우 흥미로울 것이다.

진실을 밝히면, 나는 마케팅이나 판매에 대한 배경지식이 하나도 없다. 나는 대학에서도 이런 분야의 과목을 수강하지 않았다. 또한 나는 만난 사람의 이름을 잘 기억하지 못한다. 거의 모든 것을 시행착오를 통해서 배웠고, 책을 읽으면서 배웠다. 나는 타고난 내성적인 사람이고, 남들과 만나서 놀기보다는 책을 끼고 잠드는 스타일이었다. 나는 사람들이 몰리는 파티를 좋아하지 않았다. 나는 저녁 10시면 잠자리에 들었다. 나 같은 사람도 인맥 관리를 할 수 있으니, 당신도 할 수 있다.

도구 #1: 신뢰감

당신이 자동차를 구입하려 한다고 하자. 앤이라는 영업사원이 당신에게 다가와서 어떤 차를 구입하려는지 묻고, 당신의 반응을 주의 깊게 살핀다. 그녀는 당신의 예산범위 내의 차를 몇 가지 보여주면서, 어떤 점이 맘에 들고, 어떤 점이 불만인지 물어보면서 의견을 듣는다.

또 다른 영업점을 가 보자. 매리라는 영업사원이 다가왔다. 그녀는 당신이 보고 있는 차를 잠깐 본 후에 "당신은 이 차를 안 좋아하는군요"라고 하면서 더 좋은 차를 보라고 했다. 그 차는 내 예산 범위를 훌쩍 넘었다. 그리고 자신이 얼마나 유능한 영업사원인지를 자랑했다. 그러고는 비싼 차를 시승하라고 요구했다.

당신은 누구에게 자동차를 구입하고 싶은가? 당신 말을 주의 깊게 듣고 당신이 원하는 것을 구입하는 데 도움을 주는 앤인가? 아니면 자기 자랑만 하고 고객의 요구에는 무관심한 메리인가?

내가 아는 인맥 관리를 잘하는 사람은 대부분 잘 경청하는 사람들이다. 앞의 앤처럼, 당신이 그들에게 이야기할 때, 당신은 그 순간 그곳에 있는 유일한 사람이다. 인맥 관리를 잘하는 사람들은 당신이 이야기할 때 휴대폰을 보거나, 문자를 보내거나, 다른 사람을 힐끔 쳐다보지 않는다. 그들은 대화 상대 누구에게나 진정으로 집중한다. 그들은 남이 이야기할 때 말참견지도 않는다. 그들은 말하기보다 듣기를 즐긴다. 종종 그들은 당신의 몸짓 언어에 똑같이 반응한다. 당신은 그들과 친밀하게 연결되어 있음을 느낀다. 그래서 다음에 또 만나서 이야기를 나누길 고대한다.

폴은 제품 박람회에서 잠재적 고객과 이야기하고 있는 공학자이다. 고객은 폴에게 그 회사의 신제품이 어떻게 작동하는지 물었다. 폴은 자신의 공학적 지식에 대한 자부심이 대단했다. 그는 신제품의 자세한 부분에 대하여 신나게 설명했다. 폴은 고객이 기술적 부분을 잘 이해하지 못해서 얼굴을 찡그리는 것을 보지 못했다. 10분간의 설명이 끝나자, 고객은 제품 설명에 대하여 감사하다고 말하고는 다른 기업 제품 설명회로 발길을 옮겼다. 폴은 자신이 설명을 참 잘했다고 느끼고 있었고, 그 고객은 제품에 대한 이해를 하지 못해서 기분이 안좋았다. 그 고객은 폴과 나눈 기술적 대화는 모두 잊어버리고, 나쁜 감정만 기억했다. 그는 옆의 전시장에 가서 폴의 제품과 유사한 제품을 구입했다.

폴은 관계를 쌓는 기본적인 규칙을 어겼다. "당신이 주인공이 아니라 상대방이 주인공이다." 다른 사람의 신발에 자기 발을 넣는 것은 인맥 관리를 협소하게 만든다. 다른 사람의 이야기를 듣고, 그것을 강조하는 것은 인간관계를 맺는 데 필요한 신뢰를 쌓는 것이다. 만일 당신이 인간관계에서 성공하려면, 대화를 하는 동안 경청을 하고 있는지 재빠르게 판단하라.

인맥 관리는 명함을 많이 모으는 시합이 아니다. 이것은 당신의 경력에 도움이 되는 사람하고만 관계를 맺는 것은 더욱 아니다. 이것은 공통의 관심사를 함께하는 사람들과 진정한 관계를 쌓는 것이다.

당신은 앞에서 배운 소통의 기술을 잘 활용하여 이런 관계를 잘 쌓을 수 있다. 적극적으로 들으려고 하고, 말하기보다는 들어라. 새로운 사람을 만나는 모임에서는 상대방에 대한 호기심을 가지고 접근하고, 그 사람을 도우려는 의지를 가져라. 당신과 대화하는 사람에게 진정성 있는 관심을 표시하고, 헤어진 후에 자주 연락하면 그것이 바로 인맥을 넓히는 지름길이다.

도리 클라크라는 작가이자 브랜드 전문가는 『스탠드 아웃: 인맥 관리(Stand out)』라는 저서에서 인맥 관리를 다음과 같이 요약했다. "인맥 관리는 당신의 삶을 정직하게 사는 것이고, 다른 사람을 돕는 것이고, 당신이 주는 것만큼 받는 것이다."

도구 #2: 진실성

1장에서 우리는 개인마다 다른 특성에 대해 배웠다. 내성적인가, 외향적인가? 개인적 특성에 따라서 당신의 인맥 관리 진실성이 만들어진다. 만일 당신이 나와 같은 내성적 성격이라면, 이런 내성적 사람이 어떻게 인맥을 만드는지 알게 될 것이다. 나는 잘 모르는 사람으로 가득한 방이나 고객 미팅에서 편안하게 말할 정도로 성장하는 데 필요했던 훈련들을 통해서 내가 배운 것을 여러분과 공유할 것이다. 외향적인 사람들 또한 여기서 유용한 요령을 배우겠지만, 내가 외향적인 사람들을 잘 모르기 때문에 대부분의 것들은 내성적인 사람들에게 유용한 것이다.

내성적인 사람들에게, 인맥 관리는 전통적인 관점에서 보면 잘 모르는 사람들은 만나려고 모임에 참석하거나 제품을 고객에게 팔기 위한 것이기 때문에 무척 두려운 상황이다. 내성적인 사람은 직접 대면하는 모임에서는 심리적으로 자신감을 좀 더 가져야 하고, 너무 많은 모임에 참석하지 않도록 일정을 조절해야 한다. 모임 중간중간에 자신만의 휴식 시간을 갖는 것은 자신을 재충전하는 데 필요한 요구 조건이다. 이 휴식시간에는 먹거나, 자거나, 운동을 하는 것이 좋다. 자주 모임에 참석하지 않는다고 외향적 성격의 영업부서 담당자에게 사과할 필요는 없다. 모임에 참석하기 전에 충분히 쉬고, 모임에서 할 이야기를 미리 준비하라. 예를 들면 "어떻게 모임에 참석하셨어요?" 그리고 그의 말을 주의 깊게 들어라. 만일 긴장이 너무 된다면, 화장실에 들어가서 원더우먼 포즈를 한번 연습해 보라. 종종 자신감이 생긴다.

외향적인 사람들은 많은 인맥이 있지만, 그 관계는 그리 깊지 않다. 그들은 주위 사람들에게 둘러싸여야 재충전이 되기 때문에 전통적으로 그들의 인간관계는 재미나 상쾌한 분위기가 우선이다. 하지만 외향적인 사람들에게도 미리 할 이야기를 준비하고 휴식을 취한 다음에 모임에 참석하는 것은 좋다.

직접 만나는 것은 인맥 관리에서 가장 상식적인 것이다. 하지만 인터넷 시대에 태어난 사람들이 사회의 주역이 되면 이런 모습은 변화할 것으로 예측한다. 한편, 당신이 이 책을 읽는 여성이라면, 당신은 남성이 주도하는 분야에서 큰 인맥을 쌓은 이점을 가지고 있는 셈이다. 왜냐하면 폴로 티를 입은 남성들로 둘러싸인 모임에서 당신은 쉽게 눈에 띄기 때문이다. 당신의 이름은 바로 기억된다. 나는 어떤 모임에서 모르는 사람이 다가와서는 "당신과 일하고 있는 아무개가 나보고 회색 옷을 입고 있는 당신에게 인사를 하라고 해서 왔습니다"라고한 적이 있다. 비록 당신이 벽지처럼 모임 뒤쪽에 멀찍이 있어도 사람들은 당신을 기억한다. 그래서 당신은 그 점을 잘 이용할 수 있다!

당신의 분야에서 영향력을 얻고 싶다면 모임은 매우 중요하다. 모임에서 당신을 빛내줄 다섯 가지 전략을 소개한다.

1. 적절한 복장을 갖추어라. 대부분의 모임에서는 드레스 코드를 미리 알려준다. 사업상 모임에서는 너무 짧은 치마나 가슴이 드러나는 옷이나 높은 하이힐 구두는 적합하지 않다. 정치모임에서 연설하는 젊은 여성 정치인의 복장을 참조하라. 그들의 옷은 문제 발생 여지가 없고, 전통적이고 취향이 적절하다.

2. 호기심을 가져라. 우리의 목적은 당신이 경청할 대상을 만나는 것이다. 말하기보다는 듣거나 질문을 하라. 우리의 목적은 새로운 사람을 알아가는 것이다. 새로운 명함을 많이 수집하는 것이 아니다.

3. 잘 준비하라. 대부분의 대화에서 시작하는 말들이 있다. "이 모임은 어떻게 오셨습니까?" 또는 "이곳 야구팀 성적은 어떤가

요?" 만일 당신이 혼자 있다면, 혼자라는 것을 몸짓 언어로 표시하라. 그러면 혼자 있는 다른 사람이 다가올 것이다. 나는 종종 뷔페 식사를 위해 줄을 서 있을 때나 음료를 받기 위해 줄을 설 때 주위 사람과 대화를 시작한다.

4. 출구 전략을 가져라. 대화에서 빠지고 싶다면, 화장실을 간다고 양해를 구하라. 그리고 대화를 나누기로 약속한 몇 사람이 아직 모임에 남아 있다고 이야기하라. 다음과 같이 이야기해 보라. "이야기 나누어서 즐거웠습니다. 당신과 이야기할 사람이 아직 있는 것 같으니, 당신 시간을 내가 그만 뺏어야겠네요. 다시 연락할 일이 있으면 바로 연락주세요." 그러고는 명함을 건넨다.

5. 메모를 하라. 모임이 끝나면 바로 메모를 하라. 남들 눈에 안 띄는 곳이 적당하다. 이야기를 나눌 때는 하지 마라. 누구를 만났고, 무슨 이야기를 했고, 개인적인 정보를 간략히 메모하라. 이런 정보는 다음에 다시 만날 때 큰 도움이 된다.

나와 같은 내성적인 사람에게 내가 해 줄 수 있는 가장 좋은 조언은, 모르는 사람들이 있는 방에 들어가는 두려움은 경험할수록 점점 없어진다는 것이다. 새로운 인맥 관리를 위해서 당신이 안락한 지역에서 자주 빠져 나와 더욱 많은 사람들을 만날수록, 새로운 사람들을 만나는 것이 편안하게 느껴질 것이다. 당신은 모르는 모임에서 모르는 사람과 대화를 할 용기를 보여줄 수 있는가? 만일 할 수 있다면, 당신은 인맥 관리의 성공에 한 걸음 다가간 것이고, 대부분의 공학자들보다 몇 걸음 앞에 있는 것이다.

도구 #3: 계속 연락하기

인맥 관리의 마음가짐을 지속적으로 수련하고, 모임에 참석하고, 블로그에 쓴다 해도, 계속 연락하지 않으면 모두 무용지물이다. 이것이 대부분의 사람들이 실패하는 지점이다.

모임이 끝난 후 하루가 지나기 전에 후속 조치를 하라. 나 같은 경우에는 모임 후에 이메일을 보낸다. 당신도 나처럼 이메일로 메시지를 보내라. 간략하게 작성하라. "안녕하세요, 어제 만나서 반가웠어요. 당신의 신규 프로젝트는 흥미로웠습니다. 나의 페이스북 친구 맺기에 당신을 초대하고 싶어요." 이것은 쉽고, 시간도 안 걸리는 방식이다. 이렇게 하면 당신이 직업을 바꾸어도 이 관계는 끊어지지 않는다.

이런 방식으로 후속 조치를 한다고 당신에게 바로 이익이 돌아오지는 않지만, 다른 사람에게는 가치 있는 일이다. 왜 이것이 중요한가? 만일 당신이 학회 모임에서 어떤 사람을 만났는데 만나자마자, "만나서 반갑습니다. 우리 회사 제품을 한번 사 보시겠습니까?"라고 말하면 어떤 느낌이 드는가? 아마 지금뿐만 아니라 미래에도 그 제품은 사지 않을 것이다. 신뢰를 쌓기 전에 결코 물건을 구입하지 않는다.

당신의 후속 조치는 상대에게 어떤 것을 나누거나, 주는 것이 좋다. 간단히 감사하다는 말도 괜찮다. 감사하는 마음을 갖는 것은 직장에서 신뢰를 쌓는 것이고, 상대에게 감사함을 받는 방법은 당신이 그것을 먼저 상대에게 주었을 때이다. 1장에서 언급한 당신의 꿈을 실현하는 경력을 갖는 데 필요한 것은 '베푸는 것'이라는 것을 기억하라.

다음 의문은 어떻게 하면 시간 낭비 없이 후속 조치를 하느냐는 것이다. 바로 정기간행물 출판사 사장이자 《포춘》이 선정한 2011년 최고의 인맥 관리자로 선정된 아담 리프킨이 만든 용어 "5분의 호의"이다. 이 개념은 내가 가장 좋아하는 개념이다. 『기브 앤 테이크(Give and Take)』의 저자이자 와튼 스쿨 교수인 애덤 그랜트는 이 책을 쓸 때 "5분의 호의"를 가장 좋아했다고 한다. "아담 리프킨은 상대에게 베푸는 것이 마더 테레사나 간디가 된다는 것을 의미하지는 않는다고 가르쳤다. 우리는 적은 비용으로 다른 사람의 삶에 가치를 더하는 모든 방법을 찾을 수 있다."

이것은 실생활에서 어떻게 실행이 되는가? 처음 만난 이후에 종종 상대에게 이메일을 보내라. "잘 지내시나요?" 또는 좋은 내용을 함께 공유하라. "내가 최근에 논문을 봤는데 당신에게 유용할 것 같아서 보냅니다." 어떤 대가를 바라지 않고, 좋은 정보를 공유하는 것은 신뢰를 쌓는다. 핵심은 시간을 많이 소비하지도 않고 특정한 사람에게 적합한 것을 베푸는 것이다. 당신은 상대를 특정한 친구 맺기 그룹에 초청할 수도 있고, 흥미 있는 책이나 글을 공유할 수도 있다.

그런 특정한 그룹이 바로 잘 읽고, 잘 지낼 수 있는 곳이다. 당신은 각각의 이름을 정할 수 있다. 나는 인맥 모임에서 많은 주제를 이야기했다. 가족, 음악, 스포츠, 농장일, 사냥, 정치, 맥주 만들기, 여행

후일담, 반려동물, 가보고 싶은 곳 등 어떤 모임도 여성만을 위한 특별한 모임은 없었다.

처음 만남 후에 바로 후속 조치를 하는 것이 중요하지만, 주기적으로 연락하고 만나는 것이 좋은 관계를 쌓는 데 더욱 중요하다. "5분간의 호의"를 유지하면서 관계를 유지하는 가장 좋은 방법은 3자 대화이다. 즉 당신이 새로운 사람을 상대에게 소개시키는 것이다. 이 3자 대화는 마케팅온라인닷컴(Marketingonline.com) 사장인 알렉스 만도시안이 만든 용어인데, 상대에게 도움을 주고 당신의 인맥을 확장하는 데 가장 강력한 방식이다. 사람들을 연결해주는 역할을 맡는 것은 여러 측면에서 좋은 일을 하는 것이다.

또 다른 인맥 관리의 한 방법은 자신이 주최자가 되어 모임을 여는 것이다. 친구 맺기에서 그룹을 정하고, 관련된 사람들의 명함을 공표하고, 당신이 주최하는 모임에 그 사람들을 초대할 수 있다. 당신이 어떤 콘텐츠를 새로 만들 필요는 없다. 단지 공유만 하면 된다. 당신이 가치 있는 콘텐츠를 공유하는 한, 당신의 그룹은 당신과 그런 가치로 연관된다.

○

요점

8

5장에서 당신은 모임이나 인맥 관리에 대하여 배웠다. 당신은 모임에서 유일한 여성일 때 겪는 가면증후군을 어떻게 극복하는지 배웠다. 당신은 어떤 복장이 적절한지, 소심한 사람이 어떻게 인맥 관리를 하는지, 그리고 5분의 호의가 당신의 인맥을 어떻게 빨리 확장시키는지도 배웠다. 가장 중요한 점인 '당신의 영향력을 어떻게 확장하는지'에 대해서도 배웠다. 이것은 당신이 전문가의 위치를 얻는 데 가장 중요하다. 영향력이 커지면 좋은 프로젝트를 할 수 있고 경력에 필요한 다양한 기회를 가질 수 있다. 6장에서는 당신의 열정과 개인적 욕구를 만족시키는 일자리를 찾기 위해 당신의 영향력을 어떻게 사용하는지 알려 줄 것이다.

더 고민하기

1. **옷 정리**: 당신의 옷장에서 이 책에서 이야기한 기준에 맞지 않은 직장 사무실용 옷은 모두 다른 사람에게 주자.

2. **인맥 쌓기**: 당신이 잘 알지 못하는 사람들 모임에 참석하라. 당신이 알고 싶은 사람 세 명의 리스트를 작성하라. 그중 한 명 정도는 미리 나눌 이야기를 준비하라. 간단한 내용을 핸드폰 앱에 저장하였다가 만나기 직전에 한번 보라. 사교 모임에서 전혀 모르는 사람에게 자신을 소개하고 잠깐 이야기를 나누어라.

3. **호의 베풀기**: 지난 한 달 동안 한 번도 연락을 못한 사람 세 명 정도에게 이번 주에 꼭 5분의 호의를 베풀어라.

chapter 6

첫 직장과
두 번째 직장

일자리를 찾는 것은 무척 부담스러운 일이다. 웹사이트에 가면 면접 잘 보는 법과 이력서·자소서 잘 쓰는 요령에 대한 자료들이 널려 있다. 당신은 인터넷에서 자료를 찾느라고 몇 주를 소비할 수 있고, 종종 모순적인 정보들도 있다. 대부분은 인터뷰 질문에 잘 대답하는 방법, 이력서를 쓰는 방법, 그리고 인터뷰에 적절한 옷차림 등이다. 하지만 대부분은 시간 낭비이다. 왜냐하면, 그런 정보들이 당신 개인에게 맞는 것도 아니고, 일반적인 공학자에게 적합하지도 않기 때문이다. 오히려 내가 한 인터뷰 경험과 신입 사원 채용 경험들을 이용하는 것이 시간을 절약하는 길이다.

　대부분의 공학자들은 직업을 구하는 데 있어서 잘못된 길을 가고 있다. 그들은 구인 광고를 보고, 그에 맞는 자격 조건을 먼저 보고, 그리고 그들이 원하는 기업이 있는지 찾아본다. 이것은 순서가 잘못된 것이다. 6장에서 그런 잘못된 신화를 깰 것이고, 당신이 가고자 하는 기업 문화를 먼저 살펴보는 것이 중요하다고 알려줄 것이다. 그리하면 당신은 꿈을 이룰 수 있다. 그 다음에는 기본적인 협상 전략을 가지고, 당신이 원하는 회사에 일자리를 찾는 3단계를 알려줄 것이다. 마지막으로, 당신이 바라던 회사와 조금 다른 회사에 취직을 했을 때 무엇을 해야만 나중에 당신의 꿈을 실현할지 알려줄 것이다.

6장은 공학에서 일자리를 찾는 것에 대한 허황된 내용에서 사실을 간추릴 것이다. 당신에게 대학생 시절의 인턴십부터 정규직원이 되는 데 필요한 행동 목록을 알려줄 것이다. 당신에게 어떻게 특정한 회사를 목표로 정하고, 그에 맞는 일자리를 선택하는 것과 회사의 요구에 적합한 똑똑한 공학자로서 당신의 미래 경력과 삶의 우선순위가 잘 일치되도록 하는지 가르쳐 줄 것이다.

기업 문화는 당신의 꿈을 이루거나 망친다

앤은 대학을 졸업하고 대도시의 대형 공학회사에 입사해서 무척 흥분이 되었다. 앤은 회사를 고를 때, 자신이 잘할 수 있는 프로젝트를 다루는 회사에 초점을 맞추었다. 그리고 그녀는 자신이 원하는 회사에 취직을 했다. 그녀의 첫 번째 프로젝트는 기술적으로 도전적인 면이 있었지만, 그녀는 새로운 일에 흥분이 되었다.

사무실에 출근을 한 첫 주에, 그녀는 불편한 상황을 목격했다. 대부분의 동료들이 근무한지 1년이 채 되지 않았고, 회사는 스타트업 회사처럼 빠른 성장을 하고 있지도 않았다. 게다가 동료들은 종종 불평을 늘어놓았고, 서로 대화를 나누지 않았다. 그녀가 점심을 같이 먹자고 말하니, 동료들은 대부분 혼자 자기 자리에서 점심을 먹는다고 했다.

앤의 새로운 일에 대한 열정이 사그라졌다. 그녀는 자신의 일에 대한 열정이 다른 동료들과 공유되지 못하는 것을 보고, 자기 분야에 대한 자신의 관심이 부족한 것인가 생각했다. 또한 그녀는 공학 일이란 게 원래 이런 건가 궁금했고, 자신이 너무 기대가 컸었나 생각했다. 그녀는 자신이 하는 프로젝트를 좋아했지만 침울하고, 삭막한 분위기 때문에 새로운 직장을 찾고자 했다.

당신이 생각하기에, 앤은 그 회사를 계속 다니면서 그녀의 잠재력을 잘 발휘할 수 있을까? 만일 그녀의 동료들이 진정으로 서로를 돌보고 일에 대한 열정을 보여준다면, 당신은 답변을 바꿀 것인가?

기업 문화는 당신의 장기적인 성공에 매우 중요하다. 구인광고는 "우리는 현재에 만족한다", "우리는 당신의 직장 밖 삶에 대해서는 관심이 없다", 또는 "여기서는 큰 성장의 기회가 없다" 같은 표현을 절대 쓰지 않는다.

앤이 거기서 일을 시작하기 전 일자리를 찾는 과정에서 자신의 잠재력 있는 상사와 더 잘 연결되기 위해 무엇을 했어야 했나?

그녀는 기업 문화에 대한 직관을 얻기 위해 글래스도어닷컴과 같은 웹사이트에서 기업들을 살펴보았어야 했다. 회사에서 합격 통지가 왔을 때, 그녀는 자신에게 예정된 상사와 점심시간에 만나자고 요청을 했어야 했다. 또한 그 회사의 젊은 공학자를 찾아서, 그 회사에 대하여 더 자세히 물어 보았어야 했다. 회사에 대하여 그들이 만족하는 것과 그들이 바라는 개선사항 등을 말이다.

그녀는 그 기업의 웹사이트를 검토해 보았어야 했다. 앤은 사회에 기여하는 것을 큰 가치로 여기고 있다. 그녀는 지역 사회에 기여하는 공학회사를 찾아보았어야 했다. 그녀가 융통성 있는 근무 시간, 혁신적인 해결책, 그리고 기업에 있는 전문가와 직접 논의할 수 있는 기업 환경이 중요하다고 생각했으면, 그런 내용을 웹사이트에 공지한 기업을 찾았어야 했다. 만일 그녀가 오랫동안 일할 수 있는 기업을 찾았다면, 교육 훈련 프로그램이나 멘토링 프로그램이 잘 되어 있는 기업을 찾았어야 했다.

사람과 마찬가지로 기업도 분명한 개성이 있다. 세 가지 형태의 기업 특성은 어떻게 기업이 운영되는지, 기업의 리더십은 어떤 가치를 추구하는지, 그 기업은 당신이 찾고 있는 바람직한 상에 적합한지를 가늠하는 가치 있는 직관을 제공한다. 내성적인 사람일지라도 각자 개성이 다르듯, 유사한 개성을 가진 기업이라도 같은 특성을 갖지는 않는다. 하지만 같은 유형의 개성을 가진 기업들은 유사한 특성을 보일 것이라고 예상할 수 있다. 이런 특성들은 기업의 크기, 특성화된 영역, 그리고 전문가 지위이다.

공학자는 자신의 가치가 자신이 일하고 있는 기업의 개성과 잘 합치될 때 발전한다. 예를 들면, 스타트업 기업은 오래된 기업과는 다르게 운영된다. 잘 확립된 조직의 규칙과 절차, 그리고 명확한 승진 단계를 선호하는 사람은 오래된 기업이 잘 어울린다. 새로운 도전을 즐기고, 모험을 즐기고, 수평적 조직을 좋아하는 사람은 스타트업 회사가 이상적이다. 이런 선호는 경력을 쌓음에 따라 바뀔 수 있다.

모험을 싫어하는 사람이 스타트업 기업에서 발전할까? 관료적인 조직을 싫어하는 사람이 오래된 기업에서 발전을 할 수 있을까? 기업의 세 가지 형태의 개성의 어떤 결합이 당신에게 적합한가? 어떤 형태의 기업에서 당신은 자신의 잠재력을 발휘할 수 있을까?

당신과 기업 개성의 일치

세 가지 핵심적인 기업의 특징 – 기업 크기, 전문화된 영역(특성화 기업), 전문가 지위 – 이 기업 문화를 암시한다. 여기서 당신은 당신과 잘 맞는 기업특성을 결정할 수 있을 것이다. 자신과 잘 맞는 기업을 찾는 것은 당신이 바라는 미래의 경력을 쌓게 해 줄 것이다.

첫 번째는 기업 크기이다. 대부분의 공학자는 선호하는 기업 크기가 있다. 그리고 이 특성에 가장 크게 좌우된다. 대기업은 신입 사원을 잘 지도하기 위한 절차를 많이 가지고 있다. 대기업은 작은 기업에 비하여 멘토링 프로그램과 훈련 프로그램, 그리고 명확한 승진 절차도 있다. 게다가 연구 개발 분야도 있다. 대기업에서는 일하는 사람들이 많기 때문에, 당신과 유사한 여성 공학자나 높은 직위의 여성 공학자를 찾기 쉽다.

대기업의 단점은 관료적이고 사무실에서 정치적인 측면이 있다는 것이다. 어떤 대기업에서 당신이 한 가지 기술 전문가라면, 당신은 다람쥐 쳇바퀴 돌듯 매일 해야 하는 한 가지 일만 할 것이다. 대기업에서 오래 근무한 많은 공학자들은 교차 교육을 통하여 다른 부서에서도 일하고, 행복한 경력을 쌓았다고 여긴다. 하지만 사무실에서의 정치적 파벌과 관료적 특성에 질려서 대기업을 떠나는 공학자들도 많이 있다.

중소기업은 보다 수평적인 조직이기 때문에 기업의 책임자와 쉽게 만날 수 있다. 또한 필요에 의해서, 중소기업에서 당신은 다양한 분야의 일을 할 수가 있다. 이런 다양한 일의 경험은 대기업에선 거의 불가능하다. 예를 들면, 대기업에서는 대학 전공에 따라서 회계, 판매, 영업의 부서가 있고, 그들은 생산에 대해서는 관심이 없다. 하지만 중소기업에서 공학자는 종종 회계, 영업에도 관여한다. 좋은 관리자가 있는 중소기업은 좋은 기업가 정신을 제공한다. 만일 당신이 신입 사원이고 아이디어가 많다면, 동기 부여가 될 것이고, 고위 임원과 직접 만나서 논의를 할 것이다. 이런 성향의 사람은 중소기업이 마땅하다.

하지만, 중소기업은 사장의 성장 의지가 없다면, 회사의 장기적인 성장 전략이 없다. 중소기업은 잘 확립된 교육 프로그램, 멘토링 프로그램, 그리고 승진 절차가 없다. 공학자가 중소기업에서 승진을 한다는 것은 공학적 일을 그만두고 관리자로서 사람을 관리하는 일을 하는 것이다. 게다가 중소기업에서는 당신 분야의 전문가를 만나기가 어렵다. 만일 당신이 여성 공학자라면, 당신은 그 부서에서 유일한 여성일 것이다. 따라서 당신이 해당 부서에서 자신의 능력을 한 단계 높게 발전시키는 데 필요한 인간관계를 구축하는 데 어려움이 있다.

가장 좋은 것은 대기업과 중소기업 모두를 경험하고, 자신에게 맞는 기업 형태를 찾는 것이다. 나는 처음에는 대기업에서 일을 시작했다. 그 기업은 잘 조직된 정책들이 많아서 내가 처음 기업 업무를 배우는 데 큰 도움이 되었다. 나는 나중에 중소기업으로 옮겼는데, 이직은 나에게는 내 가치와 개성을 살릴 수 있는 좋은 결정이었다. 하지만 대기업에서 받은 교육, 친구관계 등은 전혀 도움이 되지 않았다. 당신은 자신이 중요하다고 생각하는 것을 바탕으로 결정을 하여야 한다. 두 가지 형태의 기업을 모두 경험하면 결정이 보다 쉬워진다.

두 번째는 전문화 영역이다. 즉 기업은 한 가지 특정 상품에 전문화가 되어 있는가? 아니면 다양한 제품을 생산하는가? 어느 기업이 당신의 목표와 잘 부합하는가? 만일 당신이 토목공학자라면, 대학 교과과정은 토목공학의 다양한 분야를 모두 가르친다. 만일 당신이 대학 시절 몇몇 분야의 인턴십을 하지 않았다면, 당신의 재능이 어디에 적합한지 모른다. 그래서 경력을 쌓는 초기에는 다양한 일을 하는 대기업에서 일을 하는 것이 직장을 이리저리 옮기지 않고 경력을 쌓는 데 유리하다. 만일 당신이 대학에서 특정 로봇의 설계에 관심이 많았다면, 그 분야의 선도 기업을 찾아서 입사 지원을 하는 것이 바람직하다.

세 번째는 전문가 지위이다. 왜 고객들은 경쟁 기업을 선택하지 않고 우리 기업에 주문을 할까? 당신 기업의 독특한 판매 제안서를 이해하는 것은 어떤 고객과의 관계에서도 매우 중요하다. 또한 당신은 개인적으로도 전문가의 길로 들어서려면 이 점을 이해하는 것이 중요하다. 왜 고객이 다른 경쟁 기업을 놔두고 우리 기업을 선택하는지를 명확히 설명하지 못하면, 어느 고객이 우리 기업을 선택하겠는가? 국내 경기가 나빠지면 이는 더욱 두드려진다.

잠시 시간을 갖고 기업의 세 가지 특성을 적어 보라. 어떤 특성이 가장 마음에 드는가? 대기업 또는 중소기업? 특성화된 기업 혹은 다양한 상품 판매 기업? 한 분야 전문가 집단 기업 아니면 다양한 전문가 집단? 그 다음에는 이런 기준에 적합한 기업 이름을 나열하라. 자신감을 가져라! 당신이 생각하기에 좋은 평판을 가진 기업을 몇 개 선택하라. 이 기업들이 당신의 꿈을 실현할 기업이다.

이제 당신은 기업의 특성과 자신이 일치하는 꿈의 기업 목록을 작성했다. 이제 당신의 꿈의 직장에 입사하는 방법을 알아보자.

원하는 직장에 입사하기

일자리에 관한 정보와 조언들이 웹사이트에 엄청나게 많기 때문에 무엇을 선택해야 할지 혼란스럽다. 하지만 당신이 원하는 직장에 들어가는 것은 그렇게 어려운 일이 아니다. 나는 오직 공학자에게만 특별하게 적용되는 과정을 3단계로 나누어서 알려주겠다.

1단계: 호소력 있는 이력서를 작성하고 소개서를 써라

당신은 언젠가는 이력서가 필요하니 지금 당장 이력서를 쓰자. 만일 인턴십을 하거나 처음 입사를 하려고 하면, 기업 고용주는 당신이 공학적 경험이 풍부하지 않다는 점을 잘 알고 큰 기대를 하지 않는다. 그래서 당신의 이력서는 대학교 성적, 봉사 활동, 그리고 일과 관련된 파트타임 일을 중점적으로 서술할 것이다. 고용주는 동기 부여가 있고, 추진력이 있고, 협동하는 사람을 찾을 것이다. 그래서 이 점을 좀 더 강조하면, 다른 사람보다 몇 발자국 앞에 있게 된다.

당신이 일자리를 찾을 때에는 온라인에 있는 자신의 다양한 이력서를 깨끗이 지워라. 잠재적인 고용주는 구글을 통해서 당신을 살펴볼 수 있다. 만일 당신이 의심스러운 모임에서 찍은 사진이 있으면, 그는 당신을 신뢰하지 않을 것이다. 그러면 당신이 제출한 이력서는 보지도 않는다. 당신은 영문도 모른 채 탈락하게 된다. 구글에 들어가서 자신의 잘못된 모습을 지우고, 프로필을 정리하라. 친구 맺기 계정을 개설하고, 당신의 고용주가 보기 원하는 것들에 초점을 맞추어라.

다음은 중간 계층의 공학 일자리를 찾는 데 필요한 이력서 작성 요령이다.

1. 온라인에 있는 다른 사람 이력서를 베끼지 마라. 좋은 이력서 양식을 사용하는 것은 괜찮다. 하지만 다른 사람의 이력서를 베끼는 것은 그 기업에 대한 모욕이다. 나는 개인적으로 나에게 배당된 어떤 사람의 이력서를 본 적이 있는데, 그 이력서는 내가 살펴본 구글 이력서에서 이름과 날짜만 빼고 거의 모두 베낀 것이었다. 가능하면 솔직하게 자신이 한 일과 자신의 기술을 정확히 써야 한다. 그렇지 않으면 면접에서 그런 것들을 해명하느라 진땀을 뺄 것이다. 하지 않은 일이나 업적은 첨부하지 마라. 면접에서 바로 들통난다.

2. 오타와 문법에 주의하라. 당신의 이력서를 제출하기 전에 정확히 기재되었는지 두 번 정도 확인하라. 세밀한 부분까지 종종 중요하다. 나는 실수가 포함된 이력서를 수없이 보았다. 우리는 공학자다. 상세한 부분의 정보가 부족하거나 잘못되면 설계는 실패하게 된다. 만일 당신이 시간이 없어서 그런 실수가 있

었다고 변명한다면, 고용주가 일의 상세한 부분에서 당신이 집중을 하고 있다고 어떻게 신뢰할 수 있겠는가?

3. 당신이 원하는 특정한 일에 맞는 이력서를 준비하라. 우선 일반적인 이력서 양식을 작성하라. 그리고 당신이 지원하는 일과 부합되도록 이력서를 조금 수정하라. 한편 이력서와 함께 보내는 소개 편지 또한 당신이 찾는 일과 부합되는 당신만의 것으로 하라. 소개 편지는 당신이 원하는 기업의 가치와 기업이 요구하는 인재상과 잘 부합되도록 하라.

4. 첫 직장을 찾는 이력서는 한 페이지를 넘지 않도록 하라. 두 번째 일자리도 두 페이지 이상을 넘기지 마라.

5. 이력서를 보낸 후 한 주나 두 주 후에 확인을 하라. 담당자가 이력서를 잘 받았는지, 그리고 의문 사항에 대해서는 언제나 연락을 달라고 하라.

이력서와 소개 편지는 자신이 생각하기에 들어주는 입장에 있는 사람을 염두에 두고 작성해야 한다. 만일 당신이 고용주라면, 당신을 고용하겠는가? 이력서와 소개 편지에는 특정한 일자리에 대한 핵심적인 말이 모두 포함되었나? 당신이 작성한 정보는 읽는 사람이 고용을 하고 싶도록 만드는 데 초점을 맞추어야 한다. 특별히 일자리와 관련 없는 정보는 의미가 없다.

소개 편지를 쓸 때는 그들이 당신의 고용에 흥미를 갖도록 해야 하고, 당신은 이 기업의 어떤 점이 흥미로운지 서술해야 한다. 인사 담당자는 하루에도 수많은 이력서를 받는데, 그들의 학점과 전공은 당신과 비슷하다. 그러니 왜 당신이 다른 사람보다 우선적으로 선택되어야 하는지 스스로 증명하여야 한다.

보너스 팁 - 구인 광고가 없는 기업에 인터뷰 신청하기

여기 내가 100퍼센트 성공한 인터뷰 요령이 있다. 우선 당신이 가고 싶은 기업을 찾아라. 그리고 인사 담당자가 누구인지 알아내라(만일 중소기업이라면 직접 찾아갈 수 있다). 우편을 보내라. 여기서 우편은 전통적인 일반 우편물이다. 이력서와 소개 편지를 넣은 속달 우편물을 보내라.

쓰레기 우편물이라고 생각되는 우편물은 뜯어보지도 않기 때문에, 이런 전통적인 속달 우편물은 호기심에 뜯어본다. 인사 담당자가 우편물을 보면, 당신의 호소력 있는 소개 편지와 이력서 때문에 비록 당장은 사람을 뽑을 계획이 없더라도, 당신을 기억한다. 한 주쯤 후에 전화를 걸어서 우편물을 잘 받았는지 확인하고, 궁금한 사항은 기꺼이 만나서 이야기하겠다고 말하라.

2단계: 인턴십 자리 찾기
만일 당신이 이미 정규직에서 일하고 있거나, 인턴십에 관심이 없으면, 3단계로 바로 가자.

취업의 문은 당신이 경험을 쌓을 때 열린다. 가능한 일찍 경험을 쌓아서 경쟁력을 확보하라. 공과대학에 다니면서 적절한 인턴십을 쌓은 사람은 더 많은 제안과 더 많은 봉급을 받는다. 비록 당신이 무급으로 일한다 하더라도, 그리고 여름 방학에 잠깐 아파트를 구하여 월세를 내더라도, 인턴기간에 부모님과 함께 살더라도, 아주 만족한 인턴십은 아닐지라도, 이 모든 수고에 보답하는 이득이 있다. 인턴십은 인턴십을 하지 않은 친구들보다 일자리 구하는 데 유리한 조건에 있는 것이다.

인턴십은 이력서에 짧은 경력이 하나 추가되는 단기적인 장점뿐만 아니라 장기적으로도 매우 중요하다. 특정한 분야에서 3개월 인턴십을 쌓는 것은 대학에서 4~6년 공부하는 것보다 더 도움이 되고, 자신이 잘못된 기업에 왔다는 것을 깨닫고 일자리를 전전하는 것보다 나은 선택이다. 가능한 빨리 당신 전공에 적합한 분야의 인턴십을 쌓아서 시간과 돈을 절약하라.

나는 대학을 다닐 때, 우리 아빠의 회사 연구실에서 여름 방학 동안 인턴십을 했다. 그런데 연구실에서 주로 혼자 일을 했고, 혼자 하는 일은 내 적성에 맞지 않았다. 그래서 나는 이렇게 혼자 일하는 것은 나에게는 적합한 프로젝트가 아니라는 것을 깨달았다. 만일 내가 대학 시절 인턴십에서 이런 점을 경험하지 못했다면, 적성에 맞지 않는 직장 일을 했을지도 모른다.

대학을 졸업한 후에 어떤 기업에서 인턴십을 쌓는 것은 어려운 일이다. 한 가지 대안은 내가 관심 있는 기업에서 매일 어떤 일을 하는지 그 일을 하는 어떤 사람에게 물어보고, 가상적으로 예측하는 것이다. 우리는 친구, 대학교수, 그리고 아는 인맥을 통해서 그런 사람을 소개 받을 수 있을 것이다. 내가 일하고 싶은 기업에서 일하는 사람을 찾아서 관심 있는 일에 관하여 자세히 물어보라.

만일 당신이 어디서부터 시작할지 모르겠다면, 당신이 원하는 곳에서 일하는 공학자를 찾아보라. 그 분야의 리더, 영향력 있는 사람을 찾아보라. 그들(2~3명 정도)이 쓴 블로그, 논문, 연설문을 찾아보라. 그들에게 이메일을 보내서 그들의 통찰력에 감명 받았다고 감사 편지를 보내라. 혹시 잠깐 만나서 배울 기회를 갖고 싶다거나, 아니면 기업에서 첫 출발을 할 때 필요한 조언을 줄 수 있는지 청하라. 놀랍게도 많은 사람들이 이 요구에 긍정적인 답변을 한다.

당신의 인맥을 총동원하는 것을 겁내지 마라. 우리 대부분은 우리 스스로의 능력으로 우리가 필요한 것을 얻고 있다고 믿는다. 하지만 이는 비즈니스 세계에서는 틀린 말이다. 당신이 처음 일을 할 때 당신이 누구를 알고 있느냐는 중요하다. 당신의 인맥, 친구, 부모, 모두를 인턴십을 구하는 데 지렛대로 사용하라. 그러면 경쟁력을 얻게 된다.

이제 당신이 인턴십 경험을 쌓았으니, 어떻게 면접을 잘해서 취직이 되는지 살펴보자.

3단계: 프로처럼 면접하기

면접은 훈련을 통해서 충분히 발전할 수 있는 기술이다. 몇몇 공학자들은 이런 요령을 타고 난다. 하지만, 당신이 나와 같은 사람이라면, 훈련이 필요하다. 면접의 기술은 모든 면접의 경우에 해당되지만, 여기서는 정규직을 얻는 면접시험에 한정하여 설명한다.

나와 마찬가지로 당신도 면접시험에서 긴장을 할 것이다. 이런 긴장을 떨쳐버리는 가장 좋은 방법은 준비를 잘 하는 것이다. 어떻게 준비할 것인가? 당신은 관심 있는 기업을 조사한 다음에 몇 가지 예상 질문을 준비하라(어디에 써놓고 잊지 마라). 당신 이력서에서 강조하고 싶은 내용을 미리 예행연습하고, 기업의 요구 조건에 어떻게 잘 부합되는지를 보여라. 당신은 구글이나 친구 맺기를 잘 찾아보면 당신을 면접할 면접관을 미리 알 수도 있다. 냉랭한 분위기를 깰 수 있는 상식적인 것들에 관심을 가져라. 면접관의 고향, 출신 대학, 취미, 또는 그가 쓴 블로그에 대한 정보를 가지고 있어라.

어떤 사람의 첫인상은 7초 만에 결정된다는 말이 있다. 프린스턴 대학에서는 0.1초라는 연구 결과를 발표했다. 첫인상은 이렇게 중요하다. 면접날 15분 일찍 도착하는 것이 좋다. 몸을 깨끗이 하고, 적절한 복장을 갖추고, 진실한 모습을 보여라. 나는 공식적인 면접에서는 회색이나 푸른색의 정장을 입었고, 다소 편안한 면접에서는 블라우스를 입었다. 검은색 정장 또한 또 다른 선택이 될 수 있다. 색채 심리학자는 푸른색이 가장 긍정적인 인상을 준다고 말한다. 왜냐하면 그것은 진실하고 무게감이 있게 보이기 때문이다.

적절한 복장뿐만 아니라, 확신 있는 악수, 눈맞춤, 친절한 인사, 자신 있는 미소는 첫인상을 결정하는 또 다른 요소들이다. 친구들과 이것을 연습해서 몸에 배게 하라. 특히 여성 공학자들이 부족한 눈맞춤과 자신 있는 악수는 훈련이 많이 필요하다.

실제 면접에서는 3장에서 배운 경청 기술을 잘 활용하라. 그리하여 자신의 능력이 일자리에 적합함을 증명하라. 궁금한 것은 질문을 하고, 일자리의 요구 조건에 포함되지 않은 추가적 요구에도 준비하라. 당신이 그 일자리의 조건에 합당한 것을 증거를 가지고 답변하라. 다음 예를 살펴보자.

당신 이번 일자리에 필요한 가장 핵심적인 재능은 무엇입니까?

면접관 우리는 기술적인 부분에 가장 중점을 두고 있어요. 그리고 동료들과 잘 협동하고 발전 가능성이 있는 사람이지요.

당신 아주 좋군요. 나는 이쪽 분야가 매우 흥미롭습니다. 대학에서 관련 프로젝트를 했습니다. 여름 방학 인턴십에서 관리자는 저에게 기술 습득 속도가 빠르다고 했습니다. 해당 부서의 팀에 대해서 더 알고 싶고, 회사의 전체적인 목표에 어떤 식으로 기여하는지도 궁금합니다.

면접의 핵심은 우선 잘 듣는 것이다. 기업의 요구 조건에 대한 충분한 이해를 했다는 것을 그들에게 확신시켜야 한다. 그리고 특정한 질문에 적합한 답변을 하라. 면접관이 "당신 자신에 대해 말해보시오"라는 질문을 할 때 그것은 당신의 역사를 의미하는 것이 아니다. 면접의 질문들은 정답이 없는 문제에 대하여 당신이 어떻게 대응하는지 보여주는 기회이다. 당신이 이 책의 앞부분에서 배운 기술을 잘 연마했다면, 당신은 면접에서 최고가 될 것이다.

고용주의 관점에서 면접의 유일한 목적은 조직과 일자리에 가장 적합한 사람을 찾아내는 것이라는 점을 기억하라. 이런 이유 때문에,

"당신 자신에 대해 말해보시오"와 같은 질문에 대비하여 미리 연습을 하는 것이 가장 좋은 방법이다. 답변에는 당신의 기술에 대하여, 왜 이번 일자리에 관심이 있는지, 그리고 왜 당신이 가장 적합한 사람인지를 포함시켜야 한다.

또 다른 방법으로는, 만일 이런 질문에 대한 답변을 미리 준비하지 않고, 오히려 면접관에게 이렇게 묻는 것이다. "내 이야기를 하라고 하시니 기쁩니다. 나의 어떤 점이 가장 궁금합니까?" 이런 질문에 대한 답변을 적절하게 하면 당신은 승진 가능성이 높다.

대부분의 면접관은 면접 과정에서 혹시 질문이 있는지 물을 것이다. 이럴 때 면접관에게 물어볼 중요한 질문 세 가지다.

1. "이번 일자리에서 매일 해야 하는 임무는 무엇입니까" 면접관의 답변을 들은 후 추가적인 질문을 하라. 바람직한 추가 질문은 "출장이 많거나 늦은 밤까지 일해야 하는 자리입니까?" 또는 "내가 하는 일이 기업의 임무와 어떻게 조화를 이루나요?".

2. "이 자리에 적합한 사람이 갖추어야 할 특성은 무엇인가요?" 면접관의 답변에 대한 추가적인 조치는 당신이 그런 특성에 얼마나 잘 맞는지를 예를 들어가면서 증명하는 것이다. 당신의 가장 좋은 특성 세 가지 정도를 미리 준비하고, 이것을 표현할 문장을 미리 만들고 연습하는 것이다. 면접에서 상식적인 답변들 – 동료들과 잘 지내기, 마감 시간을 잘 지키기, 어려운 문제 도전의식 – 은 그다지 특별해보이지 않는다.

3. "당신 기업은 직원들의 직업적 발전을 어떻게 후원하나요?" 이 질문을 통해서 당신은 기업의 교육 프로그램, 멘토링 프로그램, 승진에 대한 태도를 감잡을 수 있다. 우수한 기업은 이런 프로그램을 공식적/비공식적으로 운영한다.

첫 번째 면접에서 월급 이야기는 하지 마라. 그들이 먼저 이야기하기 전에는. 첫 번째 면접의 목표는 당신이 그 기업의 채용 조건에 잘 맞는다는 것을 보여주는 것이다. 만일 면접관이 희망 월급을 물어본다면, 대략적인 범위만 말하라(당신이 과거 받은 월급에 대해서는 이야기하지 마라). 이런 질문을 받으면, 오히려 이번 일자리에 어느 정도의 월급을 예상하고 있는지 되물어라.

월급 범위는 지역에 따라 다르고, 당신이 궁금하면 찾아볼 수는 있다. 대학에 문의하면 졸업생에 대한 정보에서 알아볼 수는 있다. 웹사이트에서는 다양한 검색조건, 즉 직장 종류, 경력, 기업의 입지 등에 따라서 대략적으로 찾아볼 수 있다.

공학 일에서 월급은 전공 분야와 기업 입지에 따라 많은 편차가 있다. 내 전공 분야를 예로 들면, 대도시에서 월급이 조금 더 높다(특히 서부 연안과 뉴욕). 하지만 그 지역의 생활비가 높기 때문에 큰 차이는 없다. 또한 월급은 많다 하더라도 여러 가지 복지비용, 연금지원 그리고 연차 보상금 등이 적을 수 있기 때문에 전체적인 것을 고려하여야 한다.

만일 첫 번째 면접 후에 합격 통지와 함께 월급이 결정되었다면, 최종 결정을 내리기 전에 몇 가지 추가 질문을 하거나 기업을 조금 더 조사하라. 첫째, 당신의 상관과 잘 지낼 수 있고, 자신이 정말 원한 직장인가? 둘째, 현재 그 기업을 다니는 사람들을 만나서 궁금한 것을 물어보라. 과거 그 기업에서 일했던 여성 공학자를 만나서 이야기를 들어보면 가장 좋다. 우리가 궁금한 것은 그 기업에서 일할 때 바람직한 점과 그 기업이 개선할 점을 찾아내는 것이다.

이제 그 기업에서 일하는 사람들과 내가 어떻게 지낼 것인가를 고려하라. 당신은 그 기업의 문화와 개성에 잘 적응할까? 이런 기업 환경에서 당신이 발전하는 데 도움을 주는 지지자가 있는가? 당신은 문자 그대로 그 부서에서 유일한 여성 공학자인가? 결혼하지 않은 유일한 사람인가? 또는 아이가 없는 유일한 사람인가? 그 부서에는 나이, 성별, 그리고 인종의 다양성이 있는가? 유명한 동기 부여 연설가 짐 론은 말하기를 "당신은 당신과 함께 많은 시간을 보낸 다섯 명의 평균이다. 그래서 당신은 동료뿐만 아니라 친구라고 불릴 만한 사람들과 어울려 일하는 것을 목표로 하라." 어떤 사람들은 직장에서 친구는 필요 없다고 한다. 나는 이에 동의하지 않는다. 친구가 없어도 직장에서 자신의 일을 잘할 수는 있다. 하지만 직장에서 좋은 친구 없이 큰 성공을 거두기는 어렵다.

협상

협상은 모든 것의 전 단계에서 필요한 것이다. 나를 포함에서 대부분의 여성은 협상을 하는 것을 불편하다고 느낀다. 우리 대부분은 필요한 것을 요구해 본 경험이 별로 없다.

수영을 배우는 것처럼 협상을 생각하라. 책을 보고 기술을 연구한 다음, 자신을 수영전문가라고 할 수 있나? 수영을 배우는 최선의 길은 물속에 들어가는 것이다. 협상도 똑같다. 당신은 협상에 관하여 이 책을 읽고 있지만, 당신이 원하는 것을 요청하는 방법을 배우지 않으면 협상하는 데 불편함을 가질 것이다.

통계를 보면, 성별에 관계없이 대부분의 사람들은 협상을 하지 않는다. 미국 샌프란시스코의 임대회사 어네스트는 18세부터 44세까지의 미국인 1,000명 이상을 조사하였다. 비교적 젊은 그룹인 (18~24세)의 경우 여성의 24퍼센트, 그리고 남성의 42퍼센트가 협상을 한 경험이 있었다. 성별에 따른 이런 차이는 나이가 들어감에 따라 줄어들었다. 여성들이 두 번째나 세 번째 직장을 찾을 때는 협상을 한 사람이 43퍼센트로 증가하였고, 남성의 경우에는 41퍼센트였다.

여성들에게 왜 협상을 하지 않는지 물으면, 대부분의 대답이 그렇게 하는 것이 불편하다고 말한다. 그런 느낌은 어느 정도 타당성이 있다. 협상하는 데 있어서 성별에 따른 압력은 존재한다. 2006년 하버드 대학 연구팀은 일자리를 구하는 사람들에 대한 협상의 영향력을 측정했다. 남성 평가자들은 협상을 하려는 여성을 협상을 하려는 남성들보다 나쁘게 평가했고, 여성 평가자의 경우 성별에 상관없이 협상을 하려는 사람을 모두 나쁘게 평가했다.

2015년에도 미국 기업 34,000명의 직장인에 대한 유사한 연구 결과가 있다. 협상을 하는 여성은 협상을 하는 남성보다 30퍼센트 높게 부정적인 평가를 들었다. 부정적인 평가는 주로 "너무 공격적이다", "겁없이 막 나간다" 또는 "보스처럼 보인다"였다.

또한 협상의 하는 여성이 협상을 하지 않는 여성보다 67퍼센트 높게 부정적인 피드백을 받았다. 남성과 여성 모두 비슷한 비율로 승진에 대한 로비를 하는데, 여성보다 남성이 승진되는 확률이 높다.

그런데 문제는 바로 여기에 있다. 만일 당신이 협상을 했으면 더받을 수 있는 수천 달러를 포기할 수도 있다는 것이다. 만일 당신의 연봉이 50,000달러라고 하자. 봉급 인상률이 2퍼센트라면, 30년 후에는 연봉이 88,732달러가 될 것이다. 만일 당신이 인상률을 5퍼센트로 협상했다면, 30년 후에 연봉은 205,807달러이다. 그 돈의 차이는 엄청나다. 그 돈을 노년 연금으로 쓰거나, 집을 사거나, 자식의 대학 등록금에 쓸 수 있었다. 요즘 젊은 여성들이 새로운 직장을 찾는 첫 번째 이유는 바로 높은 연봉이다.

하지만 협상을 한다고 반드시 당신이 성공한다는 것을 의미하지는 않는다는 것을 기억하라. 앞의 어네스트의 또 다른 연구 조사는 협상을 한 사람들 중 20퍼센트만이 성공을 했다고 발표했다. 내 경험으로는, 만일 당신이 정규직의 첫 직장을 얻었다면 협상을 할 여지는 별로 없다. 2년 이상 직장 경험을 쌓고, 2장에서 이야기한 기사 자격증을 가지고 있다면, 그것으로 당신의 가치는 올라가고, 협상의 여지가 생긴다.

만일 당신의 현재 일자리에 만족하고, 월급이 오르기를 원한다면 가서 요청하라. 하지만 왜 월급이 올라야 하는지 정당한 결과물을 준비하라. 당신이 새로운 고객을 유치했거나, 회사에 특별한 기여를 했다는 점을 지적하라. 당신이 일을 잘해서 고객이 계속 계약을 했는가? 설계 시간을 단축하는 새로운 내부 절차를 제안했는가?

협상은 반드시 돈 문제만은 아니다. 당신 상사가 당신의 월급을 올려줄 수는 없어도 특별 휴가를 주거나, 집에서 하루 정도 근무하도록 조정할 수는 있다. 또는 특별 교육 훈련을 보내줄 수도 있다. 단지 돈 문제라는 근시안적 목적으로만 협상을 하지 마라.

또한 당신은 자신의 시장 가치를 알고 있어야 한다. 당신의 월급은 단지 나는 더 받을 만하다거나, 옆자리의 동료가 많이 받으니깐 하는 이유로 월급이 오르지는 않는다. 또는 집을 사거나 특별 여행을 가려고 하니 월급을 올려달라고 할 수는 없다. 상사에게 당신의 가치를 숫자로 증명하여야 월급이 오른다.

전 스미스바니, 메릴린치, 그리고 시티그룹 회장이고, 기업가인 샐리 크로첵은 자신의 책 『직장에서 여성의 힘(Own It: The Power of Women at Work)』에서 여성으로서 어떻게 협상하는지에 대하여 조언한다. 그녀는 협상에 있어서 신경이 예민해지는 것을 가장 중요한 점으로 보았다. 그녀는 협상이 상호 이익이 되는 구도를 짜고, 당신의 협상으로 도움을 받는 사람들을 생각하라고 말했다. "만일 월급을 안 올려주면, 회사를 떠나겠다"라고 말하는 것은 승자와 패자를 가르는 전형적인 실패의 협상이다.

예를 들면, 당신의 돈 문제에 대하여 "안됩니다"라는 답변을 들으면, 협상에서 성공한 사람들의 비율을 생각해 보라. 그래서 그 경우에는 돈 대신 당신에게 중요한 어떤 것을 요구할 준비를 하라. 예를 들면 융통성 있는 근무 시간, 교육 훈련, 더 좋은 복지 여건이다. 왜 이런 것들이 기업에 도움이 되는지 비즈니스 관점에서 준비하라. 당신의 실적을 이야기할 때 "존은 이런 혜택이 있고, 나는 없습니다"라고 추상적으로 이야기하지 말고, 숫자와 구체적 자료를 생각하라. 그리고 상사의 설명을 경청하고 있음을 보여라. 만일 협상에서 부정적 답변을 받으면, 이렇게 물어라. "다음에 내가 승진을 하는 데 필요한 것들은 어떤 것입니까?"

내 큰딸은 9살인데, 협상을 잘한다. 쇼핑을 가면, 좋아하는 인형을 보고 사 달라고 조른다. 내가 "안 된다"라고 말하면, 딸아이는 캔디나 다른 값싼 것으로 대체하려고 한다. 또는 정말 사고 싶으면, 자기가 집안일을 할 테니깐 장난감을 사달라고 조른다. 어떤 때는 "엄마, 우리 협상해요"라고 말한다. 나와 우리 딸은 그런 협상에서 서로 만족해 한다.

당신은 이런 원리를 직장에서 응용할 수 있다. 돈을 더 받는 것에 대하여 상사가 거부하는 것은 그것이 상사의 능력 밖일지도 모른다. 그래서 만일 월급을 더 받는 것에 대하여 부정적인 답변을 받으면, 내년에는 어떻게 해야 월급이 오를지 문의하라. 그리고 구체적으로 실적이 어떻게 측정되는지도 물어보라. 그리고 내년에 "좋습니다"라는 답변을 듣기 위해서 당신의 발전에 필요한 것들을 문서로 정리하라.

자격증 획득 후의 일자리 - 자신의 경로를 선택하라.

많은 공학자들은 2장에서 이야기한 공학 전문 자격증을 획득하고 나면, 회사나 일자리를 바꾼다. 이런 이직의 주요 원인은 높은 월급을 기대하거나 성장을 위해서이다. 만일 당신이 조만간 전문 자격증을 딸 것으로 예상이 되면, 선제적으로 당신의 미래와 가치를 다시 고려하라. 당신의 우선순위는 시간에 따라서 바뀌기 때문에 만약 전문 자격증이 더해지면 새로운 길에 들어서는 것을 두려워하지 마라. 다른 사람들이 그것을 단순한 이동이나 경력이 깎이는 길이라고 여길지라도 새로운 길을 고려해야 한다. 당신은 앞으로 30년 정도 일할 수 있기 때문에, 요즘 같은 노동 시장에서는 하나의 사다리를 계속 올라가는 것보다는 여러 응용 범위를 연속적으로 경험하는 것이 바람직하다. 새로운 경험을 할수록 당신은 새로운 기술을 습득하게 된다.

다음 질문을 생각해 보자. 당신의 다음 직업적 목표는 무엇인가? 당신은 한 분야에 깊숙이 파고들고 싶은가? 고객과 직접 대면하는 일을 하고 싶은가? 가르치는 일을 하고 싶은가? 자신의 기업을 운영하고 싶은가? 지금 몸담고 있는 기업에서 사장이 되는 것이 목표인가? 당신의 선택은 상상력과 야망의 크기에서 결정된다. 하지만 기본적으로 당신은 한 분야의 기술에 완전히 빠지거나, 아니면 관리자의 역할을 해야 한다. 왜냐하면 두 분야는 전혀 다른 기술을 요구하고 있고, 의도적인 훈련이 필요하기 때문이다.

당신이 한 분야의 전문가가 될수록 다른 분야에 대한 전문성은 떨어진다. 당신이 훌륭한 관리자가 되고 싶다면, 팀의 부하 직원들이 성공하는 데 필요한 도구를 주거나 그들에게 동기 부여를 하여야 한다. 관리자는 모든 일을 자신이 하는 영웅은 아니다. 많은 공학자들이 관리직에서 실패하는 이유는 과정을 처리한다기보다는 사람을 관리한다고 여기기 때문이다.

당신이 자신의 경로를 선택할 때, 당신이 속한 산업에서 자신의 가치를 어디에 둘지 결정해야 한다. 무엇이 당신의 강점인가? 다른 사람보다 잘하거나 좋아하는 것이 무엇인가? 자신의 잠재력을 극대화하기 위해서는 다른 것들은 위임을 하라. 낮은 수준의 일에서 필수불가결한 사람이 되지 마라. 그렇게 되면 그 일을 대신할 사람을 찾기 어렵기 때문에 승진도 안 되고 항상 그 일을 맡아서 해야 한다.

기업가이자 비즈니스 코치도 하고, 강연도 하는 아지트 나왈카는 당신이 "강한 약점(strong weakness)"이라는 함정에 빠지는 것을 경계한다. 강한 약점이란 당신이 잘하고는 있지만 열정이 없는 것들이다. 그런 일로 당신은 승진을 하고 표창을 받을지도 모른다. 하지만 그 일은 당신의 영혼을 키우지 못하기 때문에, 결국에는 안락한 지역에 머물면서 성장을 멈추고 결국에는 쇠진된다.

당신의 일과 당신의 개인적 목표를 함께 고려하는 것도 중요하다. 결혼을 하고 가정을 꾸리거나, 새 집을 사서 대대적인 수리를 하려면 늦게까지 회사에서 일을 할 수가 없다. 또는 다른 지역으로 이사를 가야 하면, 생활 스타일을 바꾸어야 한다.

만일 당신이 관리자가 되기로 결정하였다면, 지금껏 배운 전문지식은 당신의 성공과 아무 상관이 없다. 기술적 분야는 다른 사람에게 위임해야 한다. 마셜 골드스미스의 책 『일 잘하는 당신이 성공을 못하는 20가지 비밀(What got you here won't get you there)』에서 그는 대부분의 기업에서 기술적으로 뛰어난 사람이 승진해 관리자가 되면, 왜 관리자로서 실패하는지에 대하여 설명했다. 그 이유는 대부분의 기업에서 승진의 경로가 그것밖에 없기 때문이라고 했다.

뛰어난 관리자가 되는 것은 뛰어난 기술전문가가 되는 것만큼 훈련이 필요하다. 당신은 한 가지만 잘할 수 있고, 두 가지 모두 잘할 수는 없다. 당신의 미래 경로를 결정하고, 그에 맞는 목표를 설정하라.

여성으로 최고 자리에 도달하기

많은 야망 있는 여성들은 기업의 최고 경영자 자리에 오르려는 목표를 가지고 있다. 하지만 통계를 보면, 그 자리에 오를 확률은 매우 낮다. 2016년도 포춘 500대 기업의 CEO 자리에서 여성은 4.2퍼센트를 차지했다. 이는 500명의 사장 중 21명 정도이다.

미국 로스앤젤레스에 있는 임원 리쿠르트 기업 콘 페리의 중견 간부인 아오미 서덜랜드는 "몇 년간 여성이 사장이 되는 것은 사막에서 바늘을 찾는 것만큼 보기 드문 일이 되었다"라고 말했다. "기업은 의식적이든, 무의식적이든, 자신들만의 전형적인 리더십 경력에서 벗어나는 사람을 사장으로 승진시키지 않는다. 그래서 그들이 생각하는 성공적인 사람들과 다르게 보이거나, 다르게 행동하면 사장 승진이라는 모험을 하지 않는다. 그래서 여성이 사장이 되는 것은 어렵다."

이런 부정적 인식을 갖고 있는 대부분의 사람들은 자신이 사장이 되는 유일한 기회는 자신이 창업을 하거나 기업을 옮겨다니면서 기회를 잡는 것이라고 생각한다. 당연히 당신이 창업을 하면 당신이 사장이다(물론 창업에 따르는 위험과 보답 역시 모두 자신의 것이다). 하지만 통계를 보면 직장을 옮기면서 사장이 된다는 것은 여성에게는 단지 신화일 뿐이다. 포춘 500대 기업을 보면 34퍼센트만이 자신이 처음 일한 기업의 사장이 되었다.《하버드 비즈니스 리뷰》의 연구 결과를 보면, 여성 사장의 70퍼센트가 사장이 되기 전에 10년 이상 자신의 기업에서 일했다. 나머지 30퍼센트는 다른 회사로 옮기면서 사장이 되기 전 긴 시간 동안 같은 회사에서 승진을 해왔다.

여성이 사장이 되기 위해서는 남성보다 좀 더 많이 일해야 한다. 불행하게도, 같은 연구에서 여성이 사장이 되는 평균 기간(23년)은 남성이 사장이 되는 기간(15년)보다 길다고 발표했다.

이런 연구 결과와 통계 자료가 의미하는 것은 여성 자신이 성장할 수 있는 문화를 가진 기업을 찾는 것이 매우 중요하다는 점이다. 최근 베인앤컴퍼니 조사를 보면, 입사 초기에 대부분의 기업에서 사장이 되겠다는 여성의 일에 대한 자부심과 야망은 남성보다 뛰어나지만, 중견 사원이 되면 여성의 자부심과 야망은 남성에 비하여 급속도록 저하된다고 한다.

베인의 조사 결과는 그 이유를 다음과 같이 설명했다. 여성이 사장 자리에 오르는 것은 남성 경쟁자보다 더 집요하고, 더 많이 일에 헌신해야 한다는 것이다. 여성 롤모델이 부족하고, 성에 대한 공공연한 편견이 있기 때문이다. 여성들은 남성보다 능력이 뛰어나고, 확고한 자신감이 있다는 것을 증명해야 했다. 한 여성이 사장 자리에 오르면서 다음과 같이 말했다.

"우리 주위의 모두는 리더는 부서의 여성에 대한 의문에 모두 답해야 한다고 생각한다. 남자 관리자들은 여성에 대한 어떤 조치

(승진, 평가)를 할 때 여성 개인 사생활까지 거론한다. 하지만, 남성 경쟁자에 대해서는 개인 생활을 거론하지 않는다. 남성은 오로지 경쟁력, 그리고 경험과 같은 직업적 기준에 의해서만 평가를 받는다."

최악의 상황에서 최선의 방법 찾기

당신이 일을 하다 보면, 가장 안 좋은 상황에 처할 때가 있다. 심각한 불황이 와서 직원의 30퍼센트 정도 해고될 수 있는데, 2007~2009년 미국 건설 산업이 그랬다. 당신은 무능한 관리자, 질 나쁜 고객, 또는 부실한 프로젝트의 제물이 될 수 있다. 그 와중에 당신 상관은 대기업에 스카우트되어 떠날 수 있다. 동료는 일을 그만두고 당신은 떠난 사람 몫까지 처리해야 한다. 당연히 신입 사원을 충원할 것 같지도 않은 상황이다. 이런 상황에서 당신은 직장 일을 앞으로 30년 정도 해야 하고, 이런 불황은 금방 지나간다고 생각하는 것이 중요하다. 이런 일은 누구에게나 어떤 시기나 일어날 수 있다.

이런 원치 않은 상황이 벌어졌을 때, 당신은 새로운 직장을 찾아보려고 하겠지만, 현재 직장에서 최선의 방법을 찾을 필요가 있다. 첫 번째 방법은 "잡 크래프팅(Job Crafting, 주어진 업무를 스스로 변화시켜 새롭고 의미 있게 만드는 활동)"을 하는 것이다. 이것은 현재 자신의 일자리에 좀 더 집중하고, 당신이 추구하는 가치에 맞도록 의미 있게 일자리를 맞춤하는 것이다. 당신은 이미 잡 크래프팅을 어떻게 하는지 알고 있고,

어느 정도는 자연스럽게 이루어진다. 직장 상황이 안 좋을 때는 좀 더 의도적으로 잡 크래프팅이 필요하다.

"잡 크래프팅"이라는 용어는 저스틴 버그, 재인 버튼, 로버트 칸, 에미 위젠니스키가 만들었는데, 그들은 나쁜 상황에서 일자리에 좀 더 만족하기 위한 세 가지 방법을 소개하였다. 첫 번째는 자신의 업무를 확장하거나 축소하는 것인데, 그 방향은 반복적인 일을 줄이고 효율을 높이는 방식이다. 당신은 당신이 하는 업무 속도를 높이기 위해 코드를 개발하거나 도표를 개발하여 일이 자동적으로 진행되게 할 수 있다.

두 번째 방법은 직장에서 동료들 간의 관계를 바꾸는 것이다. 당신은 부정적인 사람들과 접촉을 피하고, 동료에게 새로운 것을 가르쳐서 관계를 더욱 깊게 할 수 있다. 내 개인적인 경험에 비추어 볼 때, 내가 스트레스를 많이 받는 경우는 주로 부정적인 고객이나 계약자와의 관계에서 발생한다는 것을 깨닫게 되었다. 그 뒤로는 이런 사람들과의 접촉을 피해왔다. 이런 상황을 피할 수 없는 경우에는, 의도적으로 좀 더 많은 긍정적인 사람과의 만남을 통하여 스트레스를 반감하려고 애썼다. 그런 힘든 시기에 나는 긍정적인 사람들과 이야기를 많이 나누고, 친구들과 점심식사를 함께하고, 식사 후에는 산책을 하면서 스트레스를 풀었다.

세 번째 방법은 업무에 대한 당신의 인식을 바꾸는 것이다. 내 분야에서 설계 도면을 검토하는 일은 매우 지루하고 일상적이다. 하지만, 대부분의 구조물 결함은 바로 이런 설계 검토를 꼼꼼히 하지 않아서 발생한다. 일의 최종 목표를 생각하면, 설계 도면 검토는 결코 일상적이거나 지루한 일이 아니다. 이런 점을 기억하면 긍정적인 마음 가짐을 갖도록 하며, 일에 대한 만족을 준다.

이런 '잡 크래프팅'은 당신이 하고 있는 일을 좀 더 자신에게 잘 맞도록 하는 데 사용할 수 있다. 그럼으로써 당신이 미래에 어려운 일을 하는 데 필요한 범위까지 당신의 기술을 확장시킬 수 있다. 이것은 자신의 산업 분야 행사에 좀 더 많이 참석하고, 새로운 기술을 배우고, 다른 사람을 교육하는 것을 포함한다.

근무 시간, 생산성, 탈진

당신이 공학자라면, 마감 날짜를 맞추기 위해서 늦게까지 사무실에서 일해야 하는 상황에 직면한다. 내가 만나본 공학자 모두 같은 경험을 가지고 있었다. 짧은 기간에 '마감 시간'을 맞추기 위해 야근을 하는 것은 생산성을 높이기도 한다. 하지만 이런 일이 상시적인 것이라면(관리를 잘 못하는 기업에서 일어날 수 있다), 당신은 이직을 고려해야 한다. 직장에서 오랜 시간 일하는 것은 당신이 생각하는 만큼 생산적이지 못하다.

지난 1장에서 우리는 잘 지내는 것에 대한 세 가지 핵심 사항에 대하여 이야기했다. 잘 먹는 것, 잘 자는 것, 운동하기. 불행하게도 고용주들은 과학적 연구 결과가 뒷받침하는데도 불구하고, 잘 지내는 것의 중요성이나 그 유용성을 잘 모르고 있다. 고용주들은 직원들을 건강에 나쁜 행동으로 몰고 있다. 그것은 마감 일정을 핑계로 철야 근무를 시키고, 점심도 각자 사무실 책상에서 빨리 먹도록 하고, 늦게까지 일하도록 한다.

다니엘 쿡의 생산성에 대한 연구 결과를 보면, 일주일에 60시간 이상 일을 하는 것을 4주 이상 연속으로 하면, 4주 후부터는 생산성이 떨어진다고 보고하였다. 이것은 당신이 4주 동안 60시간 이상을 일하고 다시 정상 근무 시간으로 돌아간다고 해도, 그렇지 않은 동료에 비하여 생산성이 떨어진다는 것을 의미한다. 다니엘 쿡은 자신의 블로그에 이렇게 적었다.

"한 주에 60시간 이상 일하는 직장인은 자신의 효율이 떨어지고 있다는 감각을 느끼기는 하지만, 이런 초과 시간 일을 멈추어야 한다고 생각하지는 않는다. 그들은 한 주에 40시간 일하는 사람들이 자신보다 생산성이 떨어진다고 생각한다. 하지만 과학적 연구 결과는 그 반대다."

이런 행동은 지켜볼 만하다. 마치 좀비처럼 아침마다 책상에서 비틀거리고 성질을 벌컥 낸다. 하지만 일찍 퇴근하는 것을 배신행위라 여긴다.

좀 더 관심을 가지고 살펴보면, 쿡은 한 주에 60시간 이상 계속 일하는 사람들은 자신이 40시간 일하는 사람보다 더 많은 것을 성취한다고 믿는 것을 발견했다. 당신은 이런 위험한 선례를 찾아볼 수 있을 것이다. 만일 당신의 상사가 많은 시간을 일하는 사람이 생산성이 높다고 믿기 시작하면, 당신에게도 긴 시간 동안 일하기를 기대할 것이다. 사실 과학적 연구 결과는 반대이다.

당신 또한 살아오면서 이런 경험이 있을 것이다. 어떤 골치 아픈 문제에 대한 해답을 찾기 위해 얼마나 많은 시간을 곰곰이 생각에 빠졌는가? 하지만 해결책을 찾는 경우는 놀랍게도 당신이 잠시 쉴 때가 아닌가? 내 친구는 나에게 다음과 같이 말했다. "나는 생각이 잘될 때가 달리기를 할 때나 샤워를 할 때야."

여성 공학자로서, 당신은 이런 상황에서 시간과 노력에 모두 집중하고 싶은 유혹에 빠질 것이다. 당신이 나와 같다면, 머리를 처박고, 더 열심히 일할 것이다. 이것은 잠시 동안은 효과가 있지만, 이런 상황이 지속되면 당신은 탈진한다. 우리는 앞에서 자신의 경력을 쌓는 과정에서 당신만의 우선순위에 관해 논의했다. 만일 이런 과도한 업무를 지속적으로 해야 한다면, 자신의 우선순위에 필요한 일인지 생각해야 한다. 당신은 상사에게 가서 이런 질문을 해야 한다.

1. 이 프로젝트가 회사의 가장 중요한 우선순위 일인가?
2. 만약 그렇다고 하면, 회사의 인력 배분이 적당한지 물어보라. 만일 여분의 인력이 있다면 임시적 인원 보충을 요구하라.

2016년도 구조 공학 공학자를 대상으로 한 연구 조사에서 초과 근무를 하고 있는 공학자들은 현재 직장을 떠날 생각을 강하게 하고 있다고 밝혔다. 한 주에 40시간 이상을 일하는 공학자는 그렇지 않은 공학자보다 직장을 떠날 확률이 4퍼센트 이상 높았다. 이것은 사람들이 한 주에 40시간 이상 지속적으로 일하는 것은 탈진을 가져온다는 점을 보여준다.

　이런 탈진은 당신이 한 프로젝트를 종료하고 또 다른 프로젝트를 연속적으로 하는 데 있어서 인정을 받지 못하면 발생한다. 이런 상황은 부실한 기업에서 자주 발생한다. 만일 이런 일이 당신에게 일어난다면, 장기적인 안목에서 고려해보고, 새로운 직장을 찾는 것이 좋다. 당신은 똑똑하고 열심히 일하는 공학자라는 것을 잊지 마라. 당신은 자신의 운명을 선택할 힘이 있다.

요점

○

8

6장에서 당신은 첫 직장을 찾는 방법, 그리고 다음 직장을 구하는 방법에 대하여 배웠다. 당신은 기업의 특성과 자신이 어떻게 어울리는지, 그리고 자신의 가치와 기업의 가치가 일치하는지 찾는 방법을 배웠다. 당신은 협상의 기본 원칙에 대해서 배웠고, 기업 상황이 안 좋은 시기에 어떻게 자신의 일에 대한 최선의 방법을 찾는지도 배웠다. 당신은 이제 초과 근무가 일의 생산성을 떨어뜨리고 결국에는 탈진을 가져온다는 점을 알게 되었다. 또한 초과 근무 상황에서 자신의 우선순위를 고려하여 일 이외의 생활도 가질 수 있도록 상사에게 일을 줄여줄 것을 요청해야 한다.

당신은 또한 여성 공학자로서 기업의 사장이 되는 것이 얼마나 어려운 도전인지 알게 되었다. 7장에서는 이 주제를 가지고 특히 공학 조직에서 여성에 대한 편견에 대하여 다룰 것이다. 왜 여성 공학자들은 일찍 직장을 떠나는가? 왜 여성 공학자에 대한 성차별과 성희롱이 많이 발생하는가? 차별과 편견은 무슨 차이가 있나? 여성 공학자에 대한 성차별에 따른 월급 차이는 왜 발생하는가? 이런 편견을 어떻게 없앨 수 있나?

7장에서는 이런 질문에 대한 답변을 주로 다룰 것이다.

더 고민하기

1. **이력서**: 당신의 이력서를 최신 것으로 수정하라. 이력서가 완성되면, 페이스북의 이력과 일치시켜라.

2. 협상: 이번 주에 한 가지 정도의 협상을 성공시켜라. 당신의 휴대폰 비용을 줄일 수 있는 방안이 있는지 통신사업자와 협상해 보라. 휴일 시장에서 농부와 가격 협상을 해 보라. 목표는 협상하는 습관을 들이는 것이다. 만일 당신의 협상요청이 즉각적으로 시행되지 않았다면 성공한 것이 아니다.

3. 위임하기: 당신 부서의 한 사람에게 자신의 업무 하나를 위임하라. 만일 부서에 위임할 사람이 없다면, 당신 생활에서 누군가에게 일을 위임하라. 일을 위임하지 못한다는 것은 탈진할 조짐이 있다는 것이다. 가능한 상황이 되면 자신의 업무를 다른 사람에게 위임하라.

chapter 7

여성이
공학을 떠나는 이유

왜 여성 공학자들은 공학을 떠나는가? 왜 급여에서 차별이 있는가? 직장에서 편견을 없애기 위해서 당신은 무엇을 해야 하나? 당신이 경력을 쌓는 데 있어서 성공과 실패를 가르는 가장 결정적인 요인은 무엇인가? 7장은 이런 질문에 대한 답변을 다룰 것이다.

이 장을 집필하는 데 있어 어떤 면에서는 쉽고, 어떤 면에선 어려웠다. 나는 여성 공학자로 15년을 일해 왔다. 그리고 여성 공학자가 겪는 어려움을 마주했다. 다른 여성 공학자의 경험들과 연구 조사를 보면, 나만 특별나게 어려움을 겪은 것은 아니었다.

어떤 면에서는 이 장을 쓰는 것이 어려웠다. 왜냐하면 내가 무척 취약한 사람처럼 보였기 때문이다. 하지만 어떤 여성 공학자도 자신이 취약하게 보이는 것을 원하지 않는다. 1장에서 나는 여러분에게 있는 그대로 내가 겪은 일을 말하겠다고 했고, 그런 경험과 조언은 당신이 성공하는 데 중요한 도구가 될 것이다. 7장은 내가 말한 약속을 지키는 내용이다.

대학을 졸업하고 첫 직장에 들어간 여성 공학자들이 직장을 그만두는 비율은 놀랄 만하다. 기술 분야를 예로 보면, 직장을 그만두는 여성이 남성보다 두 배 이상 많다. 하지만 '미국 여성 및 정보기술센터(NCWIT, National Center for Women & Information Technology)'의 조사를 보면, 여성의 74퍼센트는 자신이 하는 일을 좋아한다고 한다.

그렇다면, 여성 공학자를 배출하는 교육기관이 문제인가? 하지만 대학에서 수학, 과학, 공학을 전공하는 여성의 수는 매년 증가하고 있다. 미국과학재단은 수학, 과학, 공학 분야의 전공자는 여성과 남성이 거의 같은 숫자라고 발표했다. 공학 분야만 살펴보면 여성 전공자는 약 20퍼센트 정도 차지한다. 그런데 왜 공학 일자리에서 여성은 11퍼센트만 차지할까?

여성 공학자들이 일을 그만두는 비율과 비례해서 여성의 일자리 비중은 1999년을 고점으로 해서 꾸준히 감소하고 있는 실정이다. 과거에 비해서 여성 공학자들이 직장에서 일하기보다는 전업주부로 일하거나, 결혼을 해서 가정을 지키는 일을 선호하는 것일까? 아니면 다른 어떤 이유 때문인가?

미국 위스콘신 대학의 나다 포드는 지난 6년간 공학 학위를 받은 여석 공학자 5,300명을 대상으로 설문조사를 했다. 그리고 직장을 그만둔 이유를 물었다. 결과를 보니, 여성 공학자들이 직장을 그만둔 가장 큰 이유는 바로 자신의 성장이나 능력 발휘에 적합하지 못한 직장 환경이었다.

2012년 이 조사의 후속 연구가 이루어졌는데, 좀 더 자세히 직장을 그만둔 여성들의 진로를 조사했다. 공학 일을 그만둔 여성들의 삼분의 이는 다른 직장에서 일자리를 찾았는데, 주로 관리직으로 이직했다. 그만둔 여성의 25퍼센트는 결혼을 하면서 직장을 떠났다.

"우호적인지 않은 직장 환경"이란 무엇이기에 많은 여성들이 직장을 떠나게 하는가? 그 연구 결과를 보면, 남성 공학자들은 문제 해결 과제를 주로 맡으면서 자신의 분석 능력과 기술적 재능을 발전시키는 데 반해서, 여성은 자료를 정리하거나 기록을 하는 등 기술적 능력을 발휘할 기회가 적은 일에 배정되었다. 이런 상황은 당신이 속한 팀에서 당신이 유일한 여성 공학자라면 특히 두드러진다. 결론적으로 여성 공학자들이 직장을 그만두는 이유는 두 가지이다. 하나는 자신의 기술적 능력을 발휘할 기회가 적다는 것이고, 다른 하나는 같은 공학자인데도 남성과 다르게 취급받는다는 것이다. 예를 들면 여성의 외모에 대하여 말이 많고, 남성 동료나 상사가 여성을 깔보는 말투로 이야기한다는 것이다.

이 분야 조사의 권위자인 MIT의 수잔 실비는《하버드 비즈니스 리뷰》에 자신의 연구 결과를 소개하였다. 그리고 2016년《포춘》에 그 결과를 서술했다. "여성이 관리자가 되는 것은 괜찮다. 하지만 관리자가 되려고 그녀가 공학자가 된 것은 아니다. 그녀들도 남성과 똑같이 문제를 해결하는 것을 좋아한다."

여성공학협회는 대기업(3M, 부즈·앨런 해밀턴, 허니웰 에어로스페이스, 유나이티드 테크놀로지스)에 근무하는 3,200명의 여성 공학자를 대상으로 조사를 했다. 이 조사는 왜 여성 공학자는 직장을 그만두고 남성 공학자는 남아 있는지에 대한 조금 다른 결론을 가져왔다. 연구 조사는 다음과 같다. 직장에서 관료주의와 관리체계에 좌절감을 느끼는 상황은 남성이나 여성이나 똑같지만, 남성은 그럼에도 그 직장에 남아 있고, 여성은 그 직장을 떠나서 다른 직장을 알아본다는 것이다. 이런 경우 공학 일에서 완전히 떠난다는 것이다.

2014년 미국 여성 및 정보기술센터에서 조사한 결과를 보면, 수학, 과학, 공학을 전공한 여성의 50퍼센트 이상이 직장에 들어간 지 10년 이내에 직장을 그만둔다는 내용이다. 이 자료는 비교 대상인 남성보다 두 배나 높은 수치이다. 이 자료는 공학뿐 아니라 사무직에도 적용이 된다.

노골적 차별과 성희롱은 확실히 존재한다. 당신은 이런 예를 수많은 법정 투쟁과 최근에 해고된 구글 공학자 제임스 다모어가 쓴 편지에서 찾아볼 수 있다. 제임스는 왜 여성 공학자가 남성 공학자보다 열등한지에 대한 편지를 쓴 인물이다. 하지만 연구 결과를 보면, 여성 공학자가 직장을 떠나는 주요 원인은 이런 성차별이 아님을 보여준다.

도대체 왜 직장을 떠나는가? 물론 여성보다는 남성이 공학 학위를 많이 받지만, 그것이 왜 여성 공학자가 남성 공학자보다 두 배 이상 일찍 직장에서 떠나는지를 설명할 수는 없다. 여성은 성희롱 때문에 직장을 떠나지는 않는다. 또한 결혼을 했다고 떠나지도 않는다.

여성 공학자의 공과대학 인력 보급의 감소와 여성이 아이를 갖는 것이 여성 공학자의 감소를 가져온다는 점을 나는 부인하지는 않는다. 하지만, 무작위로 공학과 관련 없는 친구나 친지들에게 왜 여성 공학자가 공학에서 적은 숫자인지 물어보면, 그들의 대부분의 대답은 "결혼을 해서 가정을 돌보거나" 또는 "여성은 공학 분야와 잘 맞지 않는다고 어렸을 때부터 들어와서"라는 대답을 가장 일반적인 이유로 든다.

공학 공동체 또한 그런 믿음이 맞다고 여긴다. 이제 우리는 젊은 여성들에게 공학에 관심을 갖도록 격려해야 한다. 기업 또한 다양성을 추구하는 프로그램을 장려하고, 여성들이 이런 주제에 잘 접근하도록 가정 친화적 정책을 장려해야 한다.

앞선 연구 결과가 보여주듯이, 이런 프로그램이 올바른 방향으로 나가는 한 단계는 맞지만, 여성이 공학 일을 떠나는 진정한 이유에 대해서는 핵심에 접근하지 못했다. 사실 근본적인 문제는 전형적인 공학자의 모습과 다르게 행동하는 사람들에게 "당신은 여기서 일할 자격이 없어"라는 메시지를 미묘하고 지속적으로 전달하는 조직에서는 다양성 프로그램이 큰 해결책이 되지 못한다는 점이다.

여성이 직장을 떠나는 진짜 이유는 여성에 대한 편견이다. 이런 편견은 우리 문화에 너무 깊숙이 뿌리박혀서 종종 그것을 알아차리지도 못한다. 편견은 비우호적인 직장 문화, 기술적 도전과제 제외, 그리고 불만족으로 나타난다. 그 결과 여성 공학자가 직장을 떠나는 것이다.

하지만 이번 장이 결코 남성을 비난하는 내용이라고 생각해서는 안 된다. 모든 편견의 상세한 것들이 남성들만의 잘못이라 여기고, 여성은 단순한 희생물이라고 위로 받기를 원할 수도 있다. 하지만, 이것 또한 사실과 다르다. 우리 모두는 편견을 가지고 있다. 여성 공학자 또한 남성 공학자에 대하여 편견을 가지고 있다. 우리의 행동과 결정하는 방식에서 편견이 어떻게 작용하는지에 대하여 정확히 심사숙고하지 않으면, 우리 모두는 편견에서 벗어날 수 없다.

이런 뿌리 깊은 편견을 이겨내는 것은 우리가 그것에 대하여 마음 집중을 하면 가능하다. 편견은 두 가지로 분류된다. 명백한 것과 암묵적인 것이다. 명백한 편견이란 우리가 신문이나 법정 소송에서 볼 수 있는 명백한 성희롱과 성차별이다. 만일 당신이 편견에 대한 진실을 잘 이해하지 못했다면, 이 점이 여성이 직장을 떠나는 이유로 여길 것이다.

암묵적인 편견은 뿌리 깊은 것이다. 이것은 사회적 조건과 과거 경험에서 유래한다. 이것은 무의식적이기 때문에, 이겨내기 어렵다. 게다가 우리는 이것의 존재를 무시한다. 여성이 직장을 떠나는 것의 배후에는 바로 이 암묵적인 편견이 있기 때문이다.

당신은 암묵적인 편견이 없다고 생각하는가? 당신은 암묵적 편견을 가지고 있다. 하버드 대학 웹사이트 "프로젝트 암묵(https://implicit.harvard.edu/implicit/)"을 방문해 보라. 거기서 당신의 암묵적 편견에 대한 테스트를 할 수 있다. 우리 대부분은 암묵적 편견의 존재 자체를 인식하지 못한다. 인류 진화의 초기에, 이런 암묵적 편견은 인류의 생존을 도왔다. 곰이나 이상한 사람을 보며, 암묵적 편견은 빨리 도망가라고 지시한다. 하지만 현대 사회에서 암묵적 편견의 많은 부분은 더 이상 유용하지 않지만, 우리는 아직도 결정을 하는 데 이런 암묵적 편견을 따른다.

예일 대학에서 미국 대학에서 과학을 전공한 교수들을 대상으로 수행한 연구를 살펴보자. 과학 실험실의 관리자를 선발하기 위하여 가상의 지원자 존과 제니퍼를 비교하였다. 두 사람의 이력서는 거의 동일했다.

연구에 참가한 교수들은 두 지원자에 대한 경쟁력과 호감도를 평가했다. 아울러 지원자가 고용된다면 어떻게 멘토링을 할 것인지 그리고 초봉을 얼마를 주겠는지 물었다. 또한 지원자는 교수의 피드백을 공유할 거라고 귀띔해 주었다.

연구에 참여한 교수의 성별과 상관없이, 여성 지원자는 자격 조건은 거의 같음에도 불구하고 남성 지원자보다 열등한 것으로 평가되었다. 여성 지원자의 평균 초봉은 26,507달러였고, 남성의 평균 초봉은 30,238달러였다. 게다가 여성 지원자에게는 적은 횟수의 멘토링이 주어졌다.

또 다른 연구가 노스웨스턴 대학 켈로그 경영학부의 폴라 사피엔자와 시카고 대학 경영학부의 루이지 징갈에 의해 이루어졌다. 그들은 직장에서 능력이 떨어지는 남성 공학자를 능력이 우수한 여성 공학자보다 선호한다는 것을 발견했다. 그들은 또한 과거 경력을 기준으로 신입 사원을 선발할 때 남성을 보다 선호하는 성향은 어느 정도 사라졌지만, 아직 완전히 없어지지는 않았다는 점을 발견했다. 그 결과 지원자에서 가장 뛰어나 능력을 가진 사람의 81퍼센트만이 선발되는 결과를 가져왔다.

모든 면접관은 자신은 공정하고, 성차별 없이 지원자의 능력만 보고 판단한다고 확신할 것이다. 나 또한 대부분의 공학자들이 편견에 쉽게 동조하지는 않을 거라 생각한다. 공학자들은 지적이고, 훌륭한 교육을 받았고, 사회 공동체에 관심을 갖고 있다. 우리는 결정을 내릴 때 항상 사실에 기반을 둔다고 생각한다. 하지만 이런 생각은 결점이 있다. 이런 사고는 우리가 뇌에서 결정을 내리는 방법과 다르다.

우리의 뇌에서 결정을 내리는 부분은 우리 뇌의 오른쪽에 있다. 따라서 우리 뇌의 분석 능력을 담당하는 왼쪽 뇌에 모든 사실과 자료가 모여도 우리의 결정은 뇌의 오른쪽이 담당한다. 즉 결정을 내리기 위해서는 감정이 요구된다. 따라서 당신이 오른쪽 뇌의 감정적인 부분을 잃어버리면, 결정을 내릴 수 없다. 이 사실을 좀 더 전개시켜 보면, 어떤 면접관이 동등한 자격을 갖춘 지원자 중에서 한 지원자가 다른 지원자보다 문화적으로 잘 적응할 것 같다고 말하면, 암묵적 편견이 작동하여 그 지원자를 선발하는 결정을 내리게 된다.

우리 모두가 편견을 가지고 있다는 사실을 받아들이는 것이 여성이 직장을 떠나지 않게 하는 첫 단계이다. 암묵적 편견이 직장에서 어떻게 나타나는가? 내가 첫 직장에서 겪은 이야기를 예로 들어 보자.

나는 2003년 첫 직장에 들어갔다. 나는 평판이 좋은 건축공학을 전공했고, 학사 및 석사 학위를 가지고 있었다. 나는 미국을 가로질러 텍사스주 댈러스로 이사를 갔다. 나와 내 학교 친구(그녀도 여성 공학자였다)는 미국 100대 건축 기업에서 구조 공학 일을 시작했다.

입사 첫날 우리는 공학 부서에서 우리가 유일한 여성 공학자라는 것을 알았다. 하지만 나는 그 점을 개의치 않았다. 지금은 1963년이 아니지 않은가! 내가 다니던 학교에서는 성차별이 전혀 없었다. 나는 어려서부터 수학과 과학에 흥미가 있었고, 대학에서도 그런 편견과 마주치지 않았다. 사실 나는 왜 대학에 '공학과 과학에서 여성'이라는 부서가 있는지 이해를 못했다.

나는 빵 굽는 것을 좋아했고, 만든 빵을 남들과 나누어 먹는 것을 좋아했다. 어떤 사람이 기분이 안 좋다고 하면, 나는 쿠키를 만들어 주었고, 어떤 사람이 축하할 일이 있으면, 케이크를 만들어주곤 했다. 나는 그런 사람이었기 때문에, 내가 입사하고 일주일이 지났을 때 집에서 브라우니를 만들어 회사에 가져왔다. 사실 남성이 집에서 빵이나 쿠키를 만들어 오는 일은 거의 없기 때문에, 내가 가져온 브라우니에 대한 평은 주로 고맙다는 것이었다. 그런데 우리 부서의 중견 공학자가 내가 가져온 브라우니를 맛보면서 이렇게 이야기했다. "자, 다들 봤지! 이래서 우리 부서에는 여성이 필요한 거야."

뒤늦게 깨달았지만, 그가 한 말이 암묵적 성희롱을 의미한다고 생각하지는 않는다. 나는 그 사람과 여러 프로젝트를 함께했다(그는 유능한 공학자였고, 나는 그에게서 많이 배웠다). 하지만 그의 말이 15년 후에 나에게는 크게 다가왔다. 그런 일이 생기고 몇 달 후에 편견은 다시 찾아왔다. 이번 사건은 이랬다. 점심을 함께하면서 공부하는 세미나였는데, 구조부서의 책임자가 리더십의 다양성에 관하여 질문을 받았다. 구체적인 질문은 여성 책임자가 없는 이유에 대한 것이었다. 그 남성 책임자는 다음과 같이 말했다. "우리도 여성 책임자가 있었습니다. 그런데 그녀는 일보다는 가정을 우선시했습니다. 그래서 그녀에게 한 가지를 선택하라고 했지요."

나는 방에서 나와 화장실에 가서 문을 잠그고 울기 시작했다. 나는 열심히 일을 하고 꾸준히 일하면, 누구나 마음먹은 대로 무엇이든 할 수 있다고 지금껏 교육을 받아 왔다. 당신이 열심히 일하려는 의지만 있다면 외모, 인종, 성은 문제가 되는 것이 아니다. 내가 여성이라는 것이 이런 혼란을 가져온 적이 없었다. 대부분의 남성 공학자들은 일에서 성공하고, 가정도 잘 꾸린다. 그런데 왜 여성은 일과 가정에서 하나를 선택해야 하나?

이것이 내가 직장에서 암묵적 편견에 마주친 경험이다. 그 당시 남성들은 나쁜 사람들이 아니었다. 그들이 나쁜 의도로 한 말은 아니었다. 단순히 자신이 본 것을 사실대로 이야기한 것 뿐이다. 이런 것이 바로 함축적 편견의 위험성이다.

직장에서 암묵적 편견

직장 생활을 하면서 마주친 가장 일반적인 암묵적 편견의 세 가지 형태는 다음과 같다. 1) 결혼한 여성에 대한 편견(아이가 있거나, 아이가 생길 것으로 예상). 2) 결혼하지 않았거나 아이가 없는 여성에 대한 편견. 3) 집안일을 하는 배우자가 있는 여성에 대한 편견. 다음의 가상 시나리오를 생각해 보자.

시나리오 1: 두 명의 지원자가 중소기업에 지원했다. 한 명은 여성이고, 다른 한명은 남성이다. 두 사람 모두 전문 자격증이 있고, 30대 초반이다. 두 사람 모두 결혼했는데 면접관은 두 사람의 손가락 반지를 보고 알았다. 두 사람은 비슷한 경력을 가지고 있다. 최종적으로 남성이 합격했는데, 남성을 문화적으로 적합하다고 여겼기 때문이다. 면접 과정에서 면접관은 이런 생각을 했다. 혹시 여성 지원자가 아기가 있거나 조만간 아이를 가지면 일에 집중하기 어려울 것이라고 걱정했다. 최종 결과에서 여성 지원자는 더 좋은 자격을 가진 남성 지원자가 합격했다는 말을 들었다.

시나리오 2: 존은 총각이다. 그는 아이가 있는 동료들이 가족과 시간을 보내려고 퇴근한 시간에도 늦게까지 일을 하라고 요청받았다. 존은 자신의 '자유 시간'이 왜 다른 사람의 '자유 시간'보다 소중하지 않은지 분개했다. 자신이 아이가 없기 때문이라고 생각했다.

시나리오 3: 두 명의 승진 후보자가 있다. 남성은 집과 아이를 돌보는 배우자가 있다. 다른 한 명은 여성이다. 두 사람 모두 능력이 뛰어났다. 특히 여성 후보자는 지난 몇 년간 근무 시간 외에도 정말 열심히 일했다. 남성 후보자도 열심히 일했지만 추가 시간에 일하지는 않았다. 결론적으로 남성 후보자가 승진을 하였다. 왜냐하면, 남성 관리자가 평가위원끼리 은밀히 이야기할 때 "그 남자는 돌볼 가정이 있잖아"라는 말을 했기 때문이다. 물론 여성이 승진 탈락의 이유로 그런 말을 듣지는 않았다. 다만 남성 후보자가 고객과의 관계에서 매우 좋은 신뢰를 쌓았기 때문이라고 했다(고객 또한 남성처럼 행동한다). 그래서 그녀가 나중에 승진을 하려면 필요한 것이 무엇인지 요청하면, 그녀가 받은 피드백은 애매하고 실현 불가능한 것이다. 대충 이런 내용이다. "더 열심히 일하고, 너무 공격적이지 말고 또 사람 다루기 기술이 필요하다."

당신은 이런 편견을 인식하는가? 만일 시나리오 3에서 여성 후보자가 가정이 있고 자녀가 있는데 반해 남성 후보자는 총각이고 늦게까지 일을 한 사람이라면 시나리오를 바꾸어야 할까? 그것은 "'역차별'이라는 장벽에 부딪힐 것이다. 하지만 대부분의 여성들은 이런 경우에도 '시나리오 3' 여성의 성차별만큼 우리를 괴롭히는 문제가 되지는 않는다고 여긴다.

암묵적 편견이 덜 명백하게 나타나는 경우를 다음에서 알아보자. 중견 관리자가 새로운 프로젝트의 신규 책임자를 결정하려고 한다. 중견 관리자는 새 프로젝트는 일의 특성상 출장을 자주 가야하고, 어떤 경우에는 출장 일정이 급하게 잡힐 수도 있다고 예상했다. 게다가 고객은 특히 골프를 좋아했다. 관리자에게는 능력이 뛰어나고 경험 많은 여성 공학자가 있었지만, 관리자는 남성 공학자를 책임자로 결정했다. 그 남성은 여성보다 능력은 부족하지만, 운동을 좋아하고 특히 골프를 즐겨했다. 그래서 그 남성이 문화적으로 적합하다고 생각했다. 게다가 여성 공학자는 아이들이 있기 때문에 출장 가는 것을 꺼릴 거라고 생각했다. 물론 그는 여성 공학자에게 출장을 꺼리느냐고 묻지는 않았다. 관리자는 여성 공학자가 책임자가 되지 못한 것에 대하여 마음이 상할까 봐 여성에게 다음과 같이 말했다. "당신이 그 친구보다 적합한 사람이기는 한데, 그 친구는 '엄청난 잠재력'이 보이기 때문에 그를 책임자로 결정했어요."

이런 상황에서 보이는 문제는 당신은 이런 일이 일어나고 있다는 것을 전혀 알 수가 없다는 것이다. 게다가 대부분의 남성들은 자신이 결정을 내릴 때 후보자의 능력이나 실력이 아니라 암묵적 편견이 작동하고 있다는 것을 인식하지 못한다. 그래서 결과적으로 만일 당신이 부서에서 유일한 여성이고 성공하기를 바란다면, 남성 공학자보다 더 열심히 일해야 한다는 것이다.

이런 종류의 편견에서 우리는 무엇을 해야 하나? 우선 자신이 가지고 있는 편견을 인식하고 자신이 다른 사람을 다룰 때 편견이 작동하는지 심사숙고해야 한다. 이런 편견은 어느 누구의 잘못도 아니라는 점을 알기 바란다. 또한 당신의 편견으로 당신이 나쁜 사람이 되는 것도 아니다. 다만 편견이 어린 시절부터 뿌리 깊게 성장한 것뿐이다. 이런 상황을 상상하고 스스로에게 물어보라. "만일 이 사람이 여성이 아니라 남성이었다면, 내가 상황을 다르게 볼 것인가? 내 결정이 바뀔 것인가? 만일 리더십 위치에 있는 관리자가 자신이 가지고 있는 편견을 인식하지 못한다면, 공학에서 여성과 소수자가 직장을 떠나는 현상을 개선시키지는 못할 것이다.

앞서 논의한 고객과의 신뢰라는 것도 하나의 속임수에 불과하다. 대부분의 공학 기업에서 고객은 대부분 나이 많은 백인이다. 그들은 가정이 있고, 부인이 집안일과 아이들을 돌본다. 그래서 그는 직장에서 오직 일에만 집중할 수 있고, 집에 돌아가면 가족과 함께 휴식을 취한다.

나는 가정에서 집안일을 하면서 아이들을 돌보는 배우자를, 남성이든 여성이든 깊이 존경한다. 우리 엄마는 내가 어렸을 때 항상 집에서 나를 돌보면서, 친절하고 이타심으로 충만한 사람이었다. 하지만 고객이 직장 여성과의 관계에서 어릴 적 자신을 돌보는 엄마나 집에서 일하는 부인만 생각하기 때문에, 직장에서 일하는 여성을 공학자나 비즈니스 파트너로 여기기는 어렵다. 게다가 그 고객은 같은 부서의 남성 공학자와 비교하면서 여성 공학자에게 호감을 갖기는 어렵다.

하버드 비즈니스 스쿨의 아미 커디, 로렌스 대학의 피터 글릭, 프린스턴 대학의 수잔 피스케는 연구를 통하여 경쟁력과 호감도의 관계를 조사하였다. 경쟁력이 중요한 요소로 작용하는 분야에서는 (공학 분야), 아이가 있는 여성이 아이가 없는 여성에 비하여 경쟁력이 떨어진다고 보았다. 하지만 아이가 있는 여성이 아이가 없는 여성보다 따뜻한 성품을 가졌다고 인식하였다. 한편 가정 문제에 대해 보면 -가정은 따뜻하고 호감이 좋아야 높은 평가를 받는다- 일하는 여성이 집에만 있는 여성보다 냉정하다고 인식된다. 반대로, 남성의 경우에는 아이가 있고 없고는 전혀 평가에 영향을 미치지 않는다.

이제 당신은 암묵적 편견을 더욱 잘 이해했다. 이제 편견에 대하여 당신은 어떻게 할 것인가?

1. **자신의 편견을 그만두라**: 당신이 가지고 있는 성에 따른 편견을 인식하라. 예를 들면, 직장 동료가 자신의 부인이 만든 쿠키를 사무실에 가져왔을 때 그 남성 부인에게 감사하다고 말하면서 이렇게 하라. "내가 그런 성차별적인 말을 했다니 믿을 수가 없네요. 당신이 만든 쿠키에 감사해요." (여성은 쿠키를 만드는 사람이라는 편견) 당신이 먼저 성차별적인 말을 인식하고 있음을 보여주면, 다른 사람 또한 그런 편견에 빠지지 않게 된다.

2. **유머를 사용하라**: 편견이 깔린 행위에는 유머로 무마하라. 하지만 당신이 바꿀 수 있는 사람은 당신뿐이다. "오늘 어땠어요, 사랑스러운 당신?" 내가 처음으로 공사 현장을 감독하러 갔을 때 남성 직원에 내게 한 인사였다. 나는 눈썹을 올리고 목소리를 깔면서 이렇게 대답했다. "아주 좋아요, 사랑스런 당신." 그

것은 서로 주고받은 것이었고, 우리는 빙그레 웃었다. 그 후로 나는 그런 인사를 더 이상 받지 않았다.

3. **성 중립적 관리**: 만일 당신이 관리자라면, 항상 이렇게 물어라. "만일 이 사람이 성이 바뀐다면, 이 사람을 다르게 대할 건가? 만일 답변이 '네'라면, 당신은 이 상황을 다시 한 번 심사숙고 하라. 남성이 권한을 가지고 권한을 행사하는 것은 잠재적인 리더십으로 보이지만, 여성이 같은 행동을 하면 꼰대나 보스 기질로 보인다.

4. **편견을 무력화하는 당신의 힘을 사용하라**: 우리가 영향력이 있는 공학자를 무시하기는 어렵다. 그런 이유로 인해서 앞에서 이야기한 대로 당신이 영향력을 갖기 위해 훈련하고 노력하는 것이 필수적이다. 우리가 2장에서 배운 기술적 전문가의 내용을 기억하는가? 당신 영역에서 모든 사람이 당신에게 도움을 청하는 그런 사람이 되어라. 당신은 관계를 증진시키고, 합의점을 찾는 능력을 갖는 "전통적인 여성상"을 가지고 있는가? 그런 능력은 당신이 프로젝트 관리자가 되는 데 도움을 준다. 당신을 글쓰기를 좋아하는가? 기술적 글을 당신 분야의 출판물에 게재하라. 당신은 기술적 전문성 이외에도 남을 가르치거나 멘토링하는 데 흥미가 있는가? 직장 내의 멘토링 프로그램에 가입을 하거나, 동료들을 위한 동영상 자료를 만들어라.

5. 목소리를 높여라: 흥미있는 과제를 제안하고, 다른 사람들에게 당신의 능력을 보여줘라. 그 다음에 자신이 원하는 자리로 승진을 요청하라. 만일 부정적인 답변을 들으면, 다음에 승진하기 위한 나의 개선점을 요구하라. 피드백을 받을 때는 실현 가능한 답변을 요구하라. 만일 당신이 사무실에서 신규 프로젝트에 관한 이메일을 받으면, 전체 수신으로 내가 이 프로젝트에 관심이 있다는 것을 모두에게 알려라. 만일 당신이 원하는 새로운 승진자리가 생기면, 자격이 안 되어도 무조건 지원하라. 왜냐하면 같은 조건의 남성은 지원을 할 것이다. 연구 조사에 따르면 새로운 승진 자리가 생겼을 때 남성은 요구 자격의 50퍼센트 정도만 만족되어도 지원하는 데 반해서, 여성은 요구 자격의 75퍼센트 이상이 되어야 지원을 한다. 당신이 승진이나 신규 프로젝트에서 탈락하는 확실한 상황은 지원을 하지 않았을 때이다. 당신이 열심히 일을 하고, 얼마나 열심히 일을 했는지를 당신 상사가 알아주기를 기다리는 것에 대한 결과는 좌절뿐이다. 당신의 상사는 당신의 마음을 읽어내는 사람이 아니다. 당신 상사는 당신이 경력을 쌓아가면서 어떤 일에 가장 흥미를 가지고 있는지에 대하여 관심이 없다. 그것은 당신 몫이다.

남성이 지배하는 영역에서 여성은 겁쟁이도 아니고 쉽게 포기하는 사람도 아니다. 당신은 그 영역으로 뛰어들어야 하고, 남성과 함께 일해야 한다. 그런 남성들은 여성 공학자가 남성과 비슷하거나 더 나은 능력이 있다는 점을 이해하지 못하는 사람들이다.

여기서 한 가지를 덧붙이면, 당신은 이런 고통스러운 경쟁에서 혼자가 아니라는 점이다. 일하고 있는 모든 여성 공학자들은 공유할 수 있는 유사한 경험이 많다. 우리의 어머니, 할머니, 증조할머니들은 공학자를 포함해서 우리가 원하는 것은 무엇이든 할 수 있는 권리를 쟁취하기 위해 싸워 왔다. 다음 세대가 편견이 없는 곳에서 일할 수 있도록 하는 것은 우리에게 달려 있다.

우리는 먼저 자신에게 솔직해지는 것에서 출발해서, 우리가 만나는 여성들에게 우리가 겪는 편견에 대해 솔직해야 한다. 나는 당신이 최고의 공학자가 되기를 바란다. 나는 당신이 순수하게 실력으로만 최고의 자리에 오르기를 진정으로 기원한다. 하지만 현실은 다르다. 우리는 발전하고 있는 중이다. 존경받는 공학 분야의 최고 위치에 있는 여성은 자신의 영향력을 사용하여 이 문제를 공개적으로 제기하여야 한다. 하지만 모든 여성 공학자가 이런 편견을 물리치는 데 동의하지 않는다면, 우리는 중대한 발전을 할 수가 없다. 그럼 어떻게 되겠나? 변화는 바로 당신과 내가 먼저 시작해야 한다.

나는 작년에 공학 학회에 참석을 했다. 거기서 한 친목모임에 참석을 했는데 마침 여성들만 따로 분리되어 있었다. 그중 한 사람은 캐나다에 살고 있는데 종교적 소수자였다. 나는 캐나다에서 온 여성 공학자를 한 번도 만난 적이 없어서 그녀에게 물었다. "캐나다에서 여성이 공학 일을 하는 것이 어떤가요?"

갑자기 참석자 모두가 말문이 트이고 자신의 이야기를 나누기 시작했다. "사무실에 여성이 혼자일 때는 정말 일하기 힘들어요." "비공식적인 모임에서 나는 혼자 동떨어진 느낌이었어요. 물론 나도 남자들과 이야기를 나누지는 않았죠. 나는 마치 남자처럼 보이기 위해 열심히 일했어요. 일 말고 다른 말을 하면 역효과가 났어요." 그녀는 잠시 쉬고 생각에 빠지다가 다시 말했다. "사실 사무실에 다른 여성이 있다 해도 큰 도움은 되지 않았어요. 그녀는 출산 휴가를 떠났고, 남아 있는 직원들은 그녀가 다시 돌아오는 것에 대해 예민해 있었어요. 결국 그녀는 복직하지 않았어요. 그걸 보면서 나도 이제 이곳을 떠나는 것은 시간문제라고 생각했어요." 그녀가 웃으면서 다시 말했다. "사실 나는 남자친구도 없어요."

내가 이 대화에서 느낀 충격은 이것이 처음 있는 일도 아니고, 여성 공학자끼리 이야기할 때 나도 같은 일을 겪었다. 마치 깨진 레코드판처럼, 내가 여성 공학자들과 함께 있을 때마다 똑같은 이야기가 반복되었다.

어떤 여성 공학자는 노골적인 성차별 이야기를 해주었는데, 주로 광산이나 유전 작업장에서였다. 여성 공학자들의 모임에서 가장 빈번한 대화 주제는 자신이 조직에 소속되지 않았다는 느낌, 남성 공학자들과 같은 방식으로 자신을 증명해야 된다는 느낌, 그리고 직장 일에 최선을 다하기가 어렵다는 느낌이다. 그래서 여성 공학자 협회에서는 여성 공학자들이 직장에서 갖는 느낌을 공유할 수 있도록 해야 한다. 그리하여 그녀들이 남녀가 공존하는 직장에서 어떻게 할지를 스스로 결정할 수 있도록 하여야 한다. 또한 대부분의 대화에서 여성들은 공학 분야는 일이 많아서 점점 지친다고 말한다.

그래서 나는 이 책을 읽는 당신에게 어려운 일을 주문한다. 여성 공학자들이 잘 지원받을 수 있는 시스템을 만들 수 있게 도와야 한다.

당신의 이야기를 공유할 수 있고, 도움을 청할 수 있고, 다른 여성 공학자들에게서 조언을 받을 수 있는 그런 안전한 공간이 필요하다. 이 일에 흥미가 있다면 나에게 이메일을 보내 나의 친구 맺기 링크로 들어와주길 바란다.

이런 지원 시스템을 갖고 있는 것은 당신의 경력에서 큰 성공의 지표가 될 것이다. 이것은 여성 공학자로서 크게 성장하느냐 아니면 겨우겨우 살아가느냐의 차이를 가져온다. 만일 직장에서 이런 공간이 없다면, 직장 밖에서 보다 견실한 지원공간을 만들어라. 그런 지원 시스템에는 반드시 당신의 가족이 포함되어야 한다. 또한 그 시스템에는 공학 일을 하는 남녀 모든 친구를 포함시켜라. 공학이 아닌 다른 일을 하는 친구들도 당신의 가치를 유지하는 데 도움이 될 것이다. 또한 앞의 2장에서 이야기한 멘토와 옹호자를 기억하는가? 그들 또한 당신의 지원 시스템에서 매우 중요한 회원들이다.

○
요점
8

7장에서 우리는 편견이란 실제로 존재하고 종종 의도적이지 않게 나타난다는 것을 배웠다. 이 점은 과학적 연구와 여러 여성 공학자들의 경험담에 잘 서술되어 있다. 우리 여성들이 남성이 주도하는 공학 분야에서 살고 있다는 것은 진실이다. 이것을 다르게 이야기하는 것은 진실을 부정하는 것이다. 7장은 당신이 편견에서 벗어나서 자신에게 충실할 수 있게 하는 도구를 주었다.

우리는 어린아이와 편견에 관해서 논의했다. 8장에서는 여성 공학자로서 일과 가족, 그리고 생활에서 전투를 벌이는 문제를 살펴볼 것이다. 일과 가정의 균형을 가능한가? 어떻게 성에 따른 월급의 차이를 균형 있게 할까? 어떻게 해야 아이를 잘 기르고, 일에서도 성공을 할까? 8장을 읽고 해결책을 찾아보자.

더 고민하기

1. **편견을 관찰하기**: 하버드 대학 웹페이지에서 편견에 관한 자기 테스트를 하라. 자신의 편견을 인식하면, 자신이 편견에 빠졌을 때 즉시 큰 소리로 외치고 빠져나와라. 이렇게 하면 남들이 그들의 편견을 인식하는 데도 도움을 준다. 하지만 당신이 바꿀 수 있는 사람은 당신이 유일하다.

2. **지역 사회 지원**: 당신의 지원시스템을 확장하라. 공학 일을 하는 다른 여성을 초대하여 점심을 하면서 회원을 늘려라. 아니면 나의 페이스북 친구 맺기에

가입하고 회원이 되라.

3. **멘토를 찾아라**: 가능성 있는 멘토를 한 명 정도 찾고 15분 정도 만남의 시간을
준비하라. 만일 잠재적인 멘토가 당신과 이야기할 의향이 있다고 하면, 젊은
공학자에게 줄 수 있는 조언에 대하여 이야기를 하라. 대부분의 멘토는 이런
요청을 대부분 긍정적으로 받아들인다.

chapter 8

여성 공학자로서의
일과 삶

일과 가정. 가정과 일. 당신은 균형 있게 살 수 있는가? 여기서 '균형'이라는 용어는 무엇을 의미할까? 여성 공학자로서 일에서도 성공하고, 가정에서도 성공할 수 있을까? 8장은 이런 질문에 대한 답을 줄 것이다. 그 답은 두 가지 일을 하고 있는 촉망받는 여성 공학자에게서 얻을 것이다.

우선 당신 삶의 우선순위를 어떻게 설정하는 것이 일과 가정에서 만족스러운 삶을 이루는 데 핵심적인지 살펴볼 것이다. 먼저 성별에 따른 월급 차이의 기원에 대하여 다룰 것이고, 이 차이를 좁히기 위해서는 가정에서 집안일을 줄이는 데 배우자의 도움이 필요하다는 것을 이야기할 것이다.

만일 당신이 아이가 있다면(조만간 아이를 가질 계획이 있다면), 8장의 후반부는 가족계획에서부터 출산 휴가 그리고 다시 직장에 복직하는 것을 다룰 것이다. 게다가 아이를 갖게 되면, 그로 인해 직장에서 당신의 생산성이 높아지고, 아이로 인하여 인맥이 넓어지는 것을 알아볼 것이다.

내가 여성 공학자로 일하면서 세 명의 어린 자녀가 있다는 것을 알게 되면 주변 사람들이 하는 첫 번째 하는 질문은 항상 이것이었다. "아니, 어떻게 아이를 셋이나 키우면서 일을 하세요?" 앞서 이야기했지만, 나는 아이가 셋이고 아이를 낳을 때 짧은 출산 휴가를 다녀왔다. 나와 내 남편은 전문 직업을 가지고 있다. 하지만 우리는 가사도우미도 없고, 베이비시터도 없다. 학교 갈 나이가 된 아이들은 공립학교에 다닌다. 나는 아이들 키우는 이야기를 세세히 밝히지는 않겠다. 하지만 당신이 성공에 대한 설정을 잘하면 아이를 키우면서 원하는 공학 일을 잘해 나갈 수 있을 것이다.

일과 가정의 균형

일과 가정의 균형을 이루는 것은 불가능한가? 시중의 많은 책들이 이 주제에 관해 이야기를 하고, 그것은 거의 불가능하다고 말한다. 그들은 두 가지 다 성공할 수 있지만, 동시에는 어렵다고 말한다. 일단 아이들 성장에 집중을 하고, 나중에 직장에서의 성공을 추구하라고 한다. 하지만 남성들은 두 가지 중 하나를 선택하지는 않는다. 당신은 1년 휴직을 하면서 여행을 떠나고, 돌아와서 직장을 찾을 수도 있다. 또는 파트타임 일을 하면서 안정된 수입이나 기업이 주는 혜택을 포기할 수 있다. "일과 가정의 균형"이라는 용어는 "일과 가정의 통합"이라는 의미로 다시 정의해 보자.

만일 일과 가정의 균형이 "모든 것"을 갖는 것이라면, 이제 우리는 "모든 것"을 다시 규정하자. 만일 당신이 "모든 것"을 언제나 완벽한 친구, 배우자, 파트너, 직장인이 되는 것이라고 여긴다면, 그것은 마치 목이 잘린 닭이 비틀비틀 달리는 것과 비슷하다. 그럴 경우 결과는 뻔하다. 당신은 벌려 놓은 일이 너무 많아서 결국에는 탈진이 된다. 많이 들어본 이야기 아닌가? 내가 만난 많은 여성 공학자들은 그런 방식으로 해야 한다고 느끼고 있었다. 나 또한 예외가 아니었다.

바람직한 방향은 집중하는 것이다. 당신 자신의 우선순위에 집중을 하라. 남들이 강요하는 우선순위가 아니다. 앞의 1장에서 우리는 자신만의 우선순위를 정했다. 당신의 일과 가정이 당신의 우선순위와 잘 조화를 이루는가? 만일 아니라면 이것들이 잘 조화를 이루기 위해 어떤 것을 조정해야 하나?

직장에서 집중을 하는 것은 오히려 쉬운 일이다. 예를 들면, 나는 특정한 시간 내에 완수해야 할 과제에 우선순위를 두었다. 나는 항상 몇 개의 과제를 동시에 수행을 했고, 어떤 과제가 시급한 것인지는 항상 명백했다. 만일 내가 끊임없이 이메일을 체크하고 다른 잡일을 중간에 하면 기한 내에 과제를 완수하지 못한다는 것을 알고 있었다. 그래서 나는 특정한 시간대에는 외부의 방해 없이 오직 급한 과제 일에만 집중했고, 대부분 기한 내에 완수했다.

만일 당신이 당신에게 가장 중요한 것에 집중하지 않는다면, 집에서는 우선순위에 매달리는 것이 어려운 도전이었다. 공학자들은 직장에서 결정을 내리는 두뇌를 잘 활용하기 때문에, 가능하면 가장 성공적인 리더를 흉내 내는 것을 통하여 자신의 우선순위에 집중하는 습관을 기르는 것이 좋다. 나는 체중 줄이기 과제에서 운동을 하고,

건강한 음식을 먹는 것을 습관처럼 해왔기 때문에 더 이상 체중 감소에 대해 신경쓰지 않는다. 이제 운동과 건강한 음식 먹기는 아침에 이를 닦는 것과 같은 것이 되었기 때문에 더 이상 결정한 일이 없다. 당신의 우선순위 일들이 습관처럼 일정에 포함된다면, 당신은 직장과 일에서 보다 만족할 것이다.

당신은 시간이 지남에 따라 우선순위가 바뀌는 것을 예상해야 한다. 우리는 많은 시간을 살아가고, "모든 것"의 정의는 시대에 따라 진화한다. 내가 처음 직장을 가졌을 때, 나의 "모든 것" 중 하나는 대도시에 사는 것이었다. 나는 소도시에서 자랐기 때문에 대도시에서 사는 경험을 해보고 싶었다. 나는 직장에서 열심히 일을 했지만, 한편으로는 대도시에서 신나게 놀았다. 그 "모든 것"은 시간이 지남에 따라 집을 사는 것, 달리기를 하는 것, 연금에 가입하는 것, 그리고 아이를 갖는 것으로 변해갔다. 우리 모두는 일, 가정, 그리고 놀이에 대한 적절한 비율을 찾아내야 한다. 사람마다 모두 다르기 때문에 적절한 비율은 변하겠지만, 만일 다른 누군가가 나의 "모든 것"을 규정한다면, 우리는 지치고 탈진할 것이다.

당신이 헌신적이고 오래 지속되는 관계가 있다면, 당신 배우자의 "모든 것"이 또한 중요한 역할을 한다. 오랫동안 지속될 관계라면, 가능한 빨리 두 사람의 개인적 목표와 직업적 목표에 대하여 논의하는 것은 중요하다. 어떤 배우자를 선택한다는 것은, 그 사람에게는 경력의 발전에 있어서 가장 중요한 결정이다.

왜냐고? 그 사람이 바로 당신을 지지하는 사람들의 맨 앞에 있는 사람이기 때문이다. 만일 맨 앞줄의 사람이 당신의 목적에 별 볼 일 없는 사람이라면, 장기적으로 당신의 목표와 당신과의 관계는 실패할 것이다. 2011년 미국 뉴욕의 2011 비즈니스 컨퍼런스(IGNITION)에서 셰릴 샌드버그(페이스북 최고운영책임자)는 "인생에서 가장 중요한 선택은 배우자를 고르는 것이다"라고 말했다. 당신은 어떨지 모르지만, 그런 말은 내가 공과대학에 다닐 때조차 한 번도 들어본 적이 없는 말이었다.

남성이 지배하는 산업에서 일하는 여성들은 매우 높은 비율로 같은 직업의 남성과 결혼하거나, 다른 직장 남성(변호사, 금융계, 의사)과 결혼을 한다. 미국 인구통계 자료에 따르면, 건설 분야에서 일하는 여성의 40퍼센트는 같은 직업의 남성과 결혼한다. 건축공학, 컴퓨터, 과학 및 수학 분야 여성의 22퍼센트는 같은 직업의 남성과 결혼한다. 하지만, 남성이 지배하는 산업 부분에서, 통계적으로 볼 때 남성들은 전업주부를 배우자로 맞이한다. 이것은 직장과 가정이 분리되어 있던 1950년의 예상된 모습이다.

직설적으로 말해 보자. 만일 당신 상사의 배우자가 전업주부로서 집에서 아이를 돌보고, 집안일을 모두 처리한다고 하면, 그 상사는 왜 당신이 늦게까지 일을 안 하고 바로 퇴근하는지에 대하여 이해를 못할 것이다. 그 상사는 그런 몰이해가 여성에 대한 편견이라는 것도 미처 생각하지 못한다. 하지만 그건 사실이다. 왜냐하면 그 상사는 자신만의 경험에서 이해를 하기 때문이다.

전통적으로, 공학일은 주당 40시간보다 많은 근무 시간을 요구한다. 그리고 대부분의 공학 기업들은 이런 문화를 장려한다. 대부분의 기업에서 "바쁘다"는 것은 가치 있는 일로 여긴다. 회사에 일찍 출근해서 늦게 퇴근하는 것이 일을 가장 잘 끝내는 방식으로 여겨진다.

그러나 이는 잘못된 사실이다. 바쁜 것이 생산성이 높다는 문화적 믿음은 신화일 뿐이다. 많은 과학적 연구가 쉬지 않고 계속 일하는 것이 사실은 생산성이 낮다는 사실을 보여준다. 앞의 5장에서 보았듯이 쉬지 않고 일하면 생산성이 높아진다는 환상에 빠질 뿐이다. 바쁘면 결코 혁신은 일어나지 않는다. 우리 뇌는 지속적으로 일을 할 때 창조적이지 않고, 집중력도 떨어진다. 미국 노동부가 발표한 건설 분야 생산성 도표는 이런 사실을 잘 보여준다. 그 도표에서는 1970년 이후로 생산성이 떨어졌는데, 그 이유는 노동 시간이 연장되었기 때문이다.

뇌는 근육이고, 근육은 적절한 휴식을 필요로 한다. 당신은 마라톤을 마친 사람에게 다시 달리기를 요청할 수 있는가? 그런데 우리는 왜 8시간보다 12시간을 일했을 때 성과가 좋다고 생각할까? 이런 직장의 근무 조건에서 우리는 어떻게 균형을 맞출 수 있나?

이 문제를 다른 각도에서 살펴보자. 일을 더 하면(수입이 좀 더 많아진다고 가정하자) 균형을 맞출 수 있을까? 만일 우리가 일을 더해서 수입이 많아지면, 우리는 여러 가지 집안일에 관련된 것을 구매함으로써 균형을 맞출 수 있다. 가사도우미를 두거나, 유아 돌보미를 고용하거나, 식료품 배달 서비스를 이용하거나, 외식을 자주 하는 것이다.

하지만 그렇게 되지는 않는다. 우리는 6장에서 같은 조건에서도 여성과 남성의 월급 차이가 있다는 점을 이야기했다. 그 점은 여기서 다시 한 번 반복할 가치가 있다. 모든 경우에 여성과 남성 사이에는 월급의 차이가 있다. 결혼하지 않고, 결혼 계획이 전혀 없는 여성도 차이가 있다. 결혼했지만, 아이가 없는 여성도 차이가 있다. 결혼을 했고, 배우자가 집안일과 아이를 돌보는 여성도 차이가 있다. 당신이 여성이라면, 무조건 월급의 차이가 있다.

이런 월급 차이는 "그녀는 아이가 있다"라고 설명할 수 없다. 전체적으로 보면, 여성은 시간당 67센트를 받고 남성은 1달러를 받는다. 그래서 통계를 잘게 잘라서 살펴보아도, 성별에 따른 임금 격차는 존재한다. 학문적 조사에서도 결혼한 교수는 급여를 많이 받는다. 하지만 이것도 남성일 때 가능하다. 하물며 여성이 주도하는 영역(예를 들면 영문학과)에서도 남성이 많이 받는다. 공학 관련 사기업을 조사해보면, 여성은 승진도 느릴뿐더러 월급도 적다. 2016년 정규직 구조 공학자의 수입 조사를 보면, 직장에서 14~17년이 된 남성은 같은 경력의 여성보다 매년 9,700달러를 더 받는다. 경력이 18~20년 된 남성은 같은 경력의 여성보다 매년 43,400달러를 더 받는다.

성별에 따른 수입의 차이는 여성이 전통적으로 주도하는 산업에서도 나타난다. 남성 간호사는 여성 간호사보다 평균 5,000달러를 더 받는다. 특히 박사학위자의 성별에 따른 수입 차이는 모든 직종에서 가장 크게 나타나고, 그 차이는 5퍼센트 이상이다. 아이비리그 대학을 졸업한 동문 남녀의 수입 차이는 4퍼센트 정도로 높은 편이다. 내 영역인 건축설계 직종은 그 차이가 1.7퍼센트이다.

이런 분명한 임금 격차가 있다는 연구 결과에도 불구하고, 고용인의 50퍼센트와 고용주의 57퍼센트는 남성과 여성 사이에 임금 격차는 없다고 여긴다. 남성과 여성 사이에 임금 차이를 부정하는 몇몇 직업들이 있다. 이것은 우리가 부정을 할수록 불편한 진실을 마주하지 않으려는 것이란 의심이 든다. 결국 이것이 의미하는 것은 한 사람의 업적을 실력으로 평가하는 것이 아니라 다른 어떤 것으로 평가한 다고 할 수 있다.

가정일 분담하기

아빠는 아이들을 자신의 분신이라 여기고 열심히 돌본다. 2015년 퓨의 연구를 보면, 미국에서 아빠가 아이들을 돌보는 데 보내는 시간은 1965년보다 세 배 이상 증가했다고 발표하였다. 아빠들은 일주일에 아이를 돌보는 데 7시간, 그리고 집안일에 9시간을 사용한다고 조사되었다. 한편 엄마들은 일주일에 15시간 아이를 돌보고, 18시간 정도 집안일을 한다고 보고되었다. 결국 1년을 기준으로 보면, 엄마는 아빠보다 평균 5주 이상을 아이와 집안일에 소비하고 있다.

일과 가정의 균형은 이루는 것은 남성, 여성 모두 어려운 과제이다. 몇몇 연구에서 여성의 60퍼센트와 남성의 50퍼센트는 일과 가정의 균형을 이루는 것이 매우 힘들다고 답변했다.

그래서 당신의 배우자와 함께 각자 역할의 기대치에 대하여 논의하는 것은 매우 중요하다. 가능하면 아이를 갖기 전에 미리 의견을 나누어라. 요즘에는 배우자들이 대부분 고등 교육을 받았기 때문에 집안일을 '동등하게' 부담하는 것은 당연하다고 말한다. 하지만 '동등하다'는 정의는 배우자마다 다르다.

우리는 어렸을 때부터 남성과 여성의 차이에 따른 특정한 역할을 기대하도록 교육받았다. 이를 깊이 생각해보지 않는다면, 당신의 역할을 배우자가 기대하는 것에 맞추려고 한다.

대가족이 모인 명절에 남성과 여성의 역할을 상상해 보자. 누가 음식을 만드는가? 누가 설거지를 하는가? 성별에 따라 균등하게 일을 하나? 만일 균등하게 일을 하지 않으면, 당신은 집안일에서 성별에 따른 암묵적 편견을 가지고 있는 것이다. 예를 들면, 전형적인 가정에서 남성은 식사 후에 소파에서 "느긋하게 쉬면서" 텔레비전을 시청한다. 남편은 자신이 식사 테이블을 치우면서 동등한 일을 했다고 생각한다. 그는 지금 부엌에서 설거지를 하는 아내 또한 쉬면서 텔레비전을 보는 것을 좋아한다는 것을 전혀 인식하지 못한다. 상대에 대한 명확한 역할 기대가 없다면, 장기적으로 분노가 쌓이게 된다.

배우자는 자랄 때 집에 부모님이 계셨나? 만약 그렇다면, 좀 더 논의가 필요하다. 배우자가 학교에 다닐 때 자신의 부모들이 어떻게 집안일을 했는지 전혀 알 수가 없다. 그래서 자신이 집에 돌아왔을 때 집이 깨끗하게 청소되고, 빨래가 정돈되고, 식사가 준비된(장을 보기 위해 일하는 것까지) 것에 대하여 당연하게 여긴다.

만일 당신이 집안일의 동등한 부담에 어려움이 있다면, "PEACE"라는 방법을 사용해 보라. 이것이 집안의 완전한 평화를 가져오지는 못하지만, 상대에 대한 너무 많은 기대에서 오는 고통을 줄여줄 것이다. 'PEACE'는 Plan(계획 세우기), Enable(가능한 일을 하기), Adapt(적응하기), Care(돌보기), Everyday(매일 하기)의 약자이다.

'계획 세우기'는 집안일을 세세하게 나누고 각자의 역할 분담을 논의하는 것이다. 기본적인 설정은 무슨 일을 해야 하고 누가 하는가를 결정하는 것이다. 모든 사람이 싫어하는 일은 교대로 하면 된다.

예를 들면 나는 화장실 청소를 싫어한다. 당신이라면 강아지 털 손질일지도 모른다. 각자 할 일을 정하고 언제 끝낼지 일정을 작성하라. 예를 들면, 내 경우 나는 목요일 저녁에 쓰레기통을 치우고, 식기세척기는 매일 저녁에 돌리는 일정이었다. 집안일은 양이 문제가 아니라 일을 처리하는 데 걸리는 시간을 기준으로 나눈다. 우리 집에서 잔디 깎기와 쓰레기 버리기는 동동한 집안일이 아니다. 하지만 잔디 깎기와 빨래하기는 비슷한 시간이 걸린다. 목표는 소비되는 시간을 동동하게 하는 것이다.

계획 세우기의 한 부분으로 일주일에 한 번 가족회의를 하는 것은 의미 있는 일이다. 집안일을 할 만한 정도로 아이가 크면 아이도 집안일을 시킨다. 두 살짜리 아이는 고양이 밥을 주도록 하면 고양이를 돌본다. 여섯 살짜리 아이는 다음날 학교에 가져갈 간식을 미리 챙긴다. 여덟 살짜리 아이는 빨래하는 것을 도울 수 있다. 게다가 일주일에 한 번씩 장난감 정리와 청소를 하는 데 아이들이 함께 도울 수 있다. 아이들은 양말을 갤 수도 있다.

'가능한 일을 하기'는 크게 보면 사소한 것들은 습관처럼 정리하자는 것이다. 우리 집에서는 어느 누구도 자신의 일을 다하지 않으면 다른 사람이 하지 않은 일에 대하여 비난하지 못하게 했다. 어떤 물건마다 그것을 두는 장소를 정해놓는 것을 습관처럼 하자는 것이다. 열쇠는 항상 문 옆 고리에 놓게 하는 식이다. 또한 하나의 방을 "장남감 방"으로 정해놓고, 아이들에게 마음껏 어지르며 놀도록 했고, 일정한 날에 장난감을 다시 정리하도록 했다. 이렇게 하면 집안일에 대한 스트레스가 많이 줄어든다. 이제는 아이들에게 여기저기 널린 장난감을 치우라고 소리 지르지 않아서 좋다. '가능한 일을 하기'는 또한 심부름을 일정하게 하도록 할 수 있다. 예를 들면, 식료품 가게에 가는 일은 아이를 학교에 데려다 주고 다시 데려오는 빈 시간에 하는 것이다.

'적응하기'는 두 가지를 의미한다. 첫째는 일이 항상 계획대로 진행되지 않는다는 것을 받아들이는 것이다. 누가 아프거나, 갑자기 회의가 있거나, 또는 집안에 응급상황이 벌어지면 갑자기 혼란에 빠지게 된다. 이런 일에 대비하여 계획을 세울 때 여유를 두어야 한다. 두 번째는 융통성을 가져야 한다는 것이다. 융통성은 숙달된 삶의 지혜이다. 계획대로 일이 진행되지 않을 것을 예상하여 일정을 여유 있게 준비하는 것이다. 그렇지 않으면 마치 도미노처럼 다른 일정이 모두 엉망이 된다.

'돌보기'는 부모나 배우자로서 상대에게 해야 할 가장 중요한 일을 항상 기억하는 것이다. 별로 중요하지 않은 일로 떨어져 있는 것보다 함께 있는 것이 더욱 중요한 일이다. 집안을 먼지가 하나도 없게 공들여 청소하는 것보다 배우자, 아이들과 함께 저녁 시간을 보내는 것이 더욱 소중한 것이다. 건강한 가족을 유지하기 위해서는 놀이 시간을 갖는 것이 필요하다. 함께 있는 것이 대단한 것이 아니다. 금요일 저녁에는 집안일을 포기하고 아이들과 함께 피자를 먹거나 영화를 보라.

'매일 하기'는 일주일에서 각자 해야 할 일을 나누는 것에 더해서 매일매일 해야 하는 중요한 일을 나누는 것이다. 이런 일을 동등하게 나누고, 끝나는 시간이 같도록 조정해야 한다. 가족 모두는 날마다 해야 할 일이 있다(출장을 가는 경우는 예외이다). 어떤 일일까? 만일 당신이 반려견이 있다면, 누구는 반려견과 산책하고, 누구는 식사를 준비해야 한다. 저녁 식사 후에는 누구는 설거지를 하고, 누구는 아이들의 숙제를 도와주고, 다음날 준비물을 챙겨야 한다. 결국 목표는 모든 집안일은 함께 한다는 인식을 갖게 하고, 자신의 일을 마치면 느긋하게 쉴 수 있다는 느낌을 갖도록 하는 것이다.

가족회의

가족회의는 'PEACE'를 유지하는 데 중요한 일부분이다. 어떤 가정에서는 이것이 유기적으로 이루어져서 공식적인 가족회의가 필요하지 않다. 어떤 가정에서는 비공식적인 회의가 매일 저녁 식사 시간에 이루어진다. 일주일에 한 번 약 20분의 시간이면 한 주의 해결할 일들이 정리된다. 만일 당신이 공식적인 회의를 선호하거나, 처음으로 가족회의를 시작한다면, 내가 제안하는 단계를 밟아라.

1. 일정한 날을 가족회의 날짜로 잡아라. 일요일 저녁이 대부분의 가정에서는 적당하다.
2. 전자기기를 모두 치워라. 휴대폰, 아이패드, 컴퓨터 등 일정을 확인하는 데 필요한 기기만 사용하라.
3. 가족회의 시작 5분에는 "반드시 할 것"을 균등하게 배분하라. "반드시 할 것"에는 먹는 것(식료품 쇼핑), 입는 것(세탁), 그리고 바로 처리할 것들(설거지, 음식물 쓰레기 버리기)이 포함된다. 아이

들은 나이에 적합한 집안일을 배정한다.

4. 가족의 목표(개인적, 직업적)에 대하여 한 달에 한 번 정도 이야기 한다. 함께 가고 싶은 여름휴가 지역과 여행 계획을 짠다.

5. 마지막 5분 정도는 중요한 행사에 대하여 이야기한다. 출장이나 아이와 함께하는 학교행사를 논의한다. 이 경우에는 일정 변경에 따른 예비 계획도 함께 세워라.

도움말: 만일 부모가 출장을 갈 경우에는 아이를 돌볼 사람을 미리 알아보자(여러 사람에게 전화를 해야 하는 경우가 생긴다). 너무 일찍 출장을 떠나는 것을 피하라. 중요한 회의가 길어질 것을 예상하여 아이를 학교에 데려가고, 데려오는 사람을 미리 알아보라.

가족계획

시중에 많은 책, 인터넷에는 가족계획과 임신을 했을 때 알아야 하는 내용에 대한 정보가 많다. 8장에서는 이런 내용을 반복하지는 않는다. 여기서는 내가 임신했을 당시에 알았더라면 도움이 되었을 공학 분야의 상황에서 발생하는 문제에 대한 내용이다. 몇 가지는 비밀스런 내용이고, 몇몇은 그렇지 않다. 이런 충고는 당신이 아이를 낳으면서도 성공을 향해 나갈 수 있도록 도울 것이다.

오늘날, 많은 직장 여성들은 임신을 하고, 출산 휴가를 떠나도 일로 해고를 당하는 일은 없을 정도로 직장 상사들이 합리적인 사람이라고 여긴다. 하지만 반드시 그렇지만은 않다. 그래서 임신을 하고 아이를 낳은 계획은 신중히 준비해야 한다.

현재 미국의 가정 의료휴가법(FMLA)은 당신이 임신을 하거나 아이가 있어도 어떤 경우에도 차별을 받지 않은 것을 규정한다. 이 법은 당신이 최소한의 요구 조건을 충족시키면 당신이 짧은 출산 휴가(12주 정도)를 마치고 다시 같은 직장으로 복귀하는 것을 보장한다. 미국의 대부분의 주에서는, 만일 당신이 그 직장에 1년 이상 근무했다면, 이 법의 적용을 받는다. 하지만 만일 임신을 하고 직장을 바꾸면, 이 법이 적용되지 않는다. 이럴 경우 새 직장의 상사와 협상을 해야 한다.

비록 캘리포니아, 뉴저지, 로드아일랜드와 같은 주에서는 출산 휴가 중에도 월급을 주지만, 대부분의 다른 주에서는 상황이 다르다. 대략 직장 여성의 40퍼센트 미만이 FMLA에 적용을 받고, 14퍼센트만이 출산 휴가 월급을 받는다. 실제로 FMLA 법에 의하여 보호받는 대부분의 여성은 대기업에 근무하는 여성들뿐이다. 미국 노동부는 미국 사업장의 89퍼센트는 FMLA가 지켜지지 않는다고 발표했다.

FMLA에 적용되는 직장인의 숫자가 적을 뿐만 아니라, 또한 FMLA는 또 다른 예외 규정이 있다. 예를 들면, 당신은 50인 이상의 직장에서 일해야 적용을 받는다. 50인 이하의 직장에서는 적용이 안 된다. 비록 당신이 대기업에서 일해도, 당신이 50인 미만의 변두리 영업지점에서 일한다면 적용이 안 된다. 게다가 미국의 여러 주에서는 여러 이유로 인하여 근로계약서에 출산 휴가에 대한 각기 다른 조건을 정할 수 있다.

미국에서 출산 휴가의 부족한 면에 대하여 많은 사람이 지적을 했다. 미국은 선진국에서 유일하게 유급 출산 휴가가 없는 나라이며, 비슷한 나라로는 파푸아 뉴기니, 레소토, 그리고 스와질란드가 있다. 이 책은 유급 출산 휴가에 대한 찬반 토론을 다루는 책은 아니지만, 당신이 아이를 가지려고 계획을 하면, 맞닥뜨릴 문제들을 일깨우고자 하는 것이다.

나는 당신을 겁주려고 하는 것도 아니고, 공학자로 성공하려면 아이를 가지면 안 된다고 말하는 것도 아니다. 많은 훌륭한 공학 기업들은 직원들을 기업의 자산이라고 여긴다. 비용 측면에서도, 새로운 직원을 뽑는 것보다는 경험을 쌓은 기존 직원을 복직시키는 것이 유리하다. 그래서 기업 측면에서도 능력이 입증된 경험 있는 직원에게 짧은 출산 휴가를 주는 것이 윈윈 전략이라고 생각한다. 내가 아는 한도에서는 기업 상황에 따라 대략 8주에서 12주 휴가를 준다.

내가 처음 임신을 했을 때, 나는 내가 FMLA 규정을 적용받지 못한다는 것을 알지 못했다. 나는 중소기업에서 근무를 했는데, 내가 최초의 여성 직원이었고, 최초로 출산 휴가를 간 직원이었다. 그 직장에서는 공식적인 규정이 없었기 때문에, 회사와 나는 비공식적인 규정에 합의했다. 나는 아이 세 명을 낳을 때마다 같은 비공식 규정에 따라 출산 휴가를 갔다. 이런 협상이 가능하다는 것이 증명되었고, 운 좋게도 나는 이런 가족 친화적 기업에서 일했다. 하지만, 당신도 나만큼 운이 좋을지는 모르기 때문에 가능하면 잘 알아보고 준비하는 것이 좋다.

기업에서 육아휴가 정책에 대한 이해

임신을 하기 전에 당신 직장의 출산 휴가 정책에 대하여 배워라. 그런 정책이 있는지? 남성 배우자도 가능한지? 만일 당신이 나와 같은 처지라면, 당신은 직장에서 그 일의 개척자가 되는 셈이다. 다음 내용은 당신이 아이를 낳은 후에도 같은 직장에서 계속 근무하고자 할 때 유용한 사항이다. 다음 질문을 준비하라.

1. 출산 휴가 또는 육아 휴가 있는가? 만일 있다면, 그 규정은 어떤가? 이런 규정이 실제로 남성 또는 여성에게 시행이 된 적이 있는가? 만일 있었다면, 휴가 기간은 어느 정도인가? 당신의 목적은 그런 규정이 존재하는지를 확인하고, 어떤 비공식적인 규정이 추가로 있는지를 확인하는 것이다. 처음부터 회사 인사과에 갈 필요는 없다. 주위의 새로 부모가 된 사람들에게 물어보라. 종종 남성 배우자에게는 1주 이상의 휴가를 주지 않은 비공식적 규정이 있는 기업도 있다.

2. 임신과 출산 전에 검사비용을 보장할 수 있는 의료보험이 얼마인지 알아보라. 그 외로 추가적인 보장이 필요한지도 확인하라. 당신은 얼마나 비용을 감당할 돈이 있나? 당신의 보험회사에 이런 점을 문의하라. 몇몇 보험회사에서는 출산 시 중대한 위험에 대비하여 '신생아 집중 치료'와 관련한 보험을 판매하고 있으니 이것을 알아보라. 하지만 당신이 그 직장에 1년 이

상 근무를 해야 가능하다는 것을 기억하라. 1년 안에 직장을 바꿀 경우에는 추가적인 비용이 들어간다는 점도 잊지 마라. 큰 문제 없이 아이를 출산해도 병원비가 꽤 많이 든다는 점을 기억하라.

3. 당신 직장의 기업 문화는 어떤가? 우리는 앞에서 기업 문화의 중요성에 대하여 이야기했다. 기술이 많이 발전했음에도 불구하고, 아직도 대부분의 공학회사에서는 사무실에서 근무하는 것을 선호한다. 아이가 태어나면, 신생아는 병원에 검사를 가거나, 의사를 만날 일이 많다. 이럴 때 회사에서 일주일에 하루 정도는 재택근무를 허용하는지 알아보라. 출장이 많은 업무인지도 알아보라. 당신이 새 아이를 가져도 당신의 근무일정에 영향이 없는지도 확인하라.

이제 당신은 출산 휴가 계획과 출산 비용에 대하여 대략 이해를 했을 것이다. 이제 다음 단계는 당신이 공학자로 일과 직장에서 성공하는 데 가장 중요한 요소를 확립할 시간이다. 바로 당신의 지원 인맥을 쌓는 것이다.

가족 친화적 인맥 쌓기

강력한 지원 인맥이 있는 여성 공학자는 성공할 것이다. 그런 인맥이 없거나 미미한 경우에는 여성 공학자로 살아가는 데 매우 힘들고, 마침내는 직장을 그만둘 것이다. 이 부분은 가정을 꾸릴 때 가장 중요한 부분이다.

당신이 아이를 키울 때 궁금한 질문들은 당신 지역 사회의 어떤 사람들이 이미 해답을 가지고 있다. 아이를 양육하는 데 따라오는 어려움은 이미 다른 사람들은 해결책을 가지고 있다. 모든 아이들은 각각이 독특하지만, 일하는 부모가 아이를 건강하고 행복하게 양육하는 데 적합한 방법은 이미 나와 있다. 당신이 할 일은 바로 당신 주위에서 당신과 당신 가정을 지원할 수 있는 사람을 찾는 것이다. 여기서 중요한 점은 당신이 주위 사람에게 도움을 받았다면, 당신도 그 사람을 도와야 한다.

아이가 태어나기 전에 미리미리 당신을 지원하는 인맥을 확립하라. 내 경우에는 가족 친화적 직장에서 월급을 받는 것을 확실하게 하고, 나를 지원하는 사람들과 거리가 멀지 않은 곳에 거주하고, 내 아이와 비슷한 나이의 아이를 가진 다른 부모들과 적극적으로 교제를 하는 것이다. 이런 지원 인맥은 어떤 모습일까? 아래의 내용은 일을 하는 부모들이 아이를 돌보는 데 있어서 가장 성공적인 모습의 예이다.

1. **어린이집**: 학교에 가기에는 어린 자녀를 하루 종일 돌보는 어린이집이나 방과 후에 보낼 수 있는 어린이집이 있다.

2. **가정**: 친척은 혈연이다. 하지만 친척들이 당신이 일을 할 때 기꺼이 당신 아이들은 돌볼 거라고는 확신하지 마라. 어떤 할머니, 할아버지에게는 아이를 돌보는 것이 매우 부담스러운 일이다. 때로는 조부모가 아이를 돌보는 것은 당신과 당신 아이, 그리고 조부모 모두에게 큰 변화를 가져올 수 있다. 조부모는 아이를 돌본지 오래되었기 때문에 그들의 일상에 변화가 올 수 있다. 게다가 조부모들은 아이들을 재우거나, 먹이거나, 훈련시키는 현대적 방법을 잘 모를 수 있다. 조부모가 잠시 방문하거나, 휴가 때 시간을 보내는 것이 아니라 당신이 일을 할 때 하루 종일 아이를 볼보는 경우라면 조부모가 아이들과 즐거운 시간을 보내는 것이 어려울 수도 있다.

3. **다른 부모나 친구**: 이런 인맥의 사람들은 당신이 어린이집이나, 학교 그리고 교회에서 만나는 사람들은 포함한다. 우리가 마주치는 전형적인 모습은 대부분 아이들의 부모들이다. 그들은 아이의 같은 학년 부모들이며, 카풀이나 방과 후 과외활동을 함께 한다. 이들은 직장 일이 바쁠 때 상대에게 도움을 받을 수 있다. 여기서 중요한 점은 '상호 도움주기'이다. 전업주부 또한 집에 처리할 일이 많다. 그녀들도 시간이 남아돌지는 않는다. 당신이 도움을 받았다면, 기회가 있을 때 보답하라.

4. **베이비시터**: 부모가 늦게까지 외부에 일이 있을 때 베이비시터를 부른다.

임신 중인 여성 공학자

임신을 확인한 날에는 매우 흥분이 되고, 또한 걱정도 된다. 당신은 직장 동료나 상사에게 언제 임신 사실을 알려야 하나 궁금할 것이다. 임신한 상태에서 피해야 할 직장 일이나, 직장에서 입덧을 어떻게 처리할 것인지에 대해서도 궁금할 것이다. 당신은 직장에서 유일한 여성이고, 임신한 유일한 사람일지도 모른다. 세상에는 임신에 따른 신체적 변화에 관한 참고가 될 책들이 많이 있기 때문에 이 점은 주제에서 피하자. 그 대신에 임신을 한 상태에서 남성이 지배적인 직장 환경에서 어떻게 처신해야 하는지에 대한 잘 알려지지 않은 요령에 초점을 맞추자.

언제 당신이 임신을 했는지를 동료나 상사에게 이야기하는 것이 적당할까? 의학적 이유를 가지고 있지 않다면, 대부분의 여성은 임신 3개월쯤에 이야기를 한다. 임신 3개월 정도에는 체중이 증가하지는 않는다. 내 경우에는 체중이 약간 늘었지만 눈에 띄지 않는 옷을 입었다. 임신 3개월 이후에 임신 사실을 알리는 이유는 임신 초기에 유산의 위험이 높기 때문이다. 만일 미리 알리고 나서 유산이 되었을 때 닥칠 곤란한 상황을 상상해 보라. 임신 3개월이 잘 지나가면, 유산의 위험은 적기 때문에, 그때쯤 남들에게 알리는 것이 좋다.

입덧은 모든 사람이 잘 알고 있다. 만일 당신이 입덧이 심하다면 (임신 8주에서 12주에 가장 심하다), 입덧을 줄일 것들을 찾아보라. 예를 들면, 내 경우 생강차가 도움이 되었다. 또 첨가물이 없는 평범한 크래커를 먹는 것도 도움이 되었다. 고객과의 회의나 일을 할 때 입덧이 심하지 않다면, 임신을 했다고 행동에 큰 변화를 줄 필요는 없다. 사람들은 당신이 생각하는 것보다 당신의 임신에 주의를 기울이지 않는다. 나는 여성 동료와 함께 작은 방에서 함께 근무를 했는데, 그녀는 심하게 메스꺼움을 느꼈었다. 나는 그녀가 임신을 한 것을 그녀가 말해주기 전까지는 몰랐다.

당신이 직장동료나 상사에게 임신 사실을 알릴 때는, 미리 계획을 가지고 있어야 한다. 임신휴가는 언제 시작하고, 직장 복귀는 언제쯤 할지, 그리고 당신이 없을 때 프로젝트의 원활한 진행을 위한 업무 인수인계는 어떻게 하는 것이 바람직한지에 대하여 문서를 작성하는 게 좋다. 출산 휴가 동안 회사에서 당신의 일을 대신할 임시 직원을 충원하는 데 충분한 시간을 주어야 한다.

임신한 여성 공학자는 보기 드문 사람이다. 어떤 사람들은 당신이 임신을 했다고 해도 당신을 대하는 태도에 변화가 없다. 어떤 사람들은 임신을 하면 두뇌가 잘 작동하지 않는다고 여긴다. 내 경험을 보면, 나는 임신을 했을 때 일에 집중도 잘되고 중요한 프로젝트를 완수했다. 구조 공학자로서, 대부분의 시간은 사무실에서 일했지만, 가끔씩 공사 현장을 방문하기도 했다. 나는 임신을 했을 때도 현장을 방문하고, 사다리를 타고 건물 높은 곳에 올라갔다. 나는 편안하게 일을 했고, 당신 또한 같은 일을 할 수 있다는 자신감을 가질 수 있다.

만일 직장의 조건이 임신에 위험을 초래할 수 있다고 느끼면 의사와 상의를 해야 한다. 만일 임신한 사람이 하기에 불편한 일이 있다면, 상사에게 양해를 구하라. 나와 같은 대부분의 여성 공학자들은 임신 중에도-주로 직장 사무실에서 근무를 하는 사람들- 자신의 일을 잘 완수하는 데 큰 문제가 없다. 하지만 어떤 여성들은 쉽게 피로를 느끼고 일찍 집에 가서 쉬거나 출장을 가지 말아야 한다. 임신을 한 여성은 모두 다른 상황이다. 그러니 임신을 했을 때 자신의 능력에 대하여 지레짐작을 하지 마라.

마지막으로, 출장에 관한 내용이다. 임신 말기에는 비행기를 타는 출장을 하지 마라. 항공사마다 약간씩 규정은 다르지만, 대략 임신 30주 정도에서는 비행이 금지된다. 장거리 여행 또한 피해야 한다.

출산 후 직장 복귀

내 큰딸 클레어는 2008년 12월 크리스마스에 태어났다. 그때는 건설 경기가 불황이었다. 게다가 토목공학자였던 남편은 2009년 1월 정리 해고되었다. 그래서 나는 계획보다 일찍 직장으로 복귀해야 했다. 우리는 돈이 필요했다.

내가 직장에 복귀하고 일주일이 지났을 무렵 나는 고객과 회의를 위한 출장을 가야 했는데 7시간이나 걸리는 장거리 여행이었다. 나는 그때까지 아이를 모유로 키우고 있었고, 모유 유축기를 사용하지는 않았다. 나는 정말 힘겨운 상황에 빠졌는데, 그 회의는 중간에 쉬지도 않고 6시간이나 계속되었다. 아이에게 젖을 준지 10시간이 지나서야 공중화장실에서 클레어에게 모유 유축기로 짠 젖을 줄 수 있었다.

내가 아이를 데리고 출장을 다녀와서 배운 교훈이 있었다. 유축기는 사용하기 전에 연습이 필요하다는 것이다. 또한 아이에게 화장실에서 젖을 주기 위해 회의에서 잠시 빠지는 양해를 구하는 것을 부끄러워하지 말라는 것이다. 나는 둘째 아이부터는 손가방에 가지고 다닐 수 있는, 작고 조용한 유축기를 사용할 수 있게 되었다.

출산 후에 직장으로 복귀하는 여성에게 조언을 해 주는 책과 블로그는 매우 많다. 대부분의 핵심적인 조언은 복귀 첫 주는 반 주 정도만 일하라는 것이다. 좀 더 구체적으로 말하면, 수요일을 복귀 첫날로 잡으라는 것이다. 나는 진심으로 그런 권고는 매우 적합하다고 생각한다. 직장에서 새로운 일정을 시작하고 아이를 돌보는 것은 아이와 당신 모두에게 힘든 일이다. 그래서 가능하면 일상적인 일정은 점진적으로 진행하는 것이 좋다.

직장에 복귀해서 피곤한 첫 주를 보내고 나면, 아이를 돌보는 것과 자신을 돌보는 것을 최우선 순위로 해야 한다. 가능한 다른 사람에게 일을 위임하라. 아이를 먼저 재우고 침실로 가라. 남편과 교대로 '밤 동안 아기 돌보기'를 하라. 그래서 부모 중에서 한 명은 충분한 수면을 취하라. 만일 모유 수유를 한다면, 미리 잘 계획을 세우라. 모유 수유는 가치 있는 일이다. 만일 필요하다면 모유 유축기를 미리 준비하고, 이유식은 남편이 먹이도록 하라. 조부모나 베이비시터를 주말이나 주중의 하루 정도 이용해 그 시간에 부족한 잠을 자거나, 아이에게서 해방되는 시간을 가져라. 다음 내용은 내가 직장으로 복귀해서 처음 3개월간 경험한 "어려운 시간을 헤쳐 나가는 요령"이다. 나는 내 경험을 공유하고 싶고, 내가 경험한 실수에서 많은 것을 배우기를 희망한다. 또한 당신이 겪는 일이 얼마나 정상적인 것인지도 이해하게 될 것이다. 직장에 복귀한 첫날에 죄책감을 느끼는가? 이런 감정은 미리 예상해야 한다. 많이 피곤하고 지친다는 느낌이 드는가? 아이가 생기면 부모는 모두 피곤함을 느낀다. 만일 당신 사무실에 여성이 없거나 어린아이를 가진 부모가 없다면 당신은 더욱 더 외롭고, 혼자라는 느낌을 가질 것이다. 직장 복귀 후 며칠 동안 당신과 당신 배우자에게 친절하게 대하라. 집을 치우는 데 에너지를 쓰지 말고 음식도 자주 시켜먹어라.

1. **모유 수유와 일**: 아기에게는 역시나 "모유가 가장 좋다"와 같은 정보가 넘쳐날 것이다. 하지만 아이가 어떻게 먹어야 하는지에 대해서는 당신만의 기준이 필요하다. 어떤 여성에게는 모유 유축기가 적합하지 않다. 나는 첫째 아이를 키울 때 모유 유축기로 인하여 스스로를 많이 책망했다. 모유 유축기를 사용하기에 적합한 개인적인 장소는 오직 사무실 부엌 옆의 청소실 공간뿐이었다. 내가 직장에 복귀한 후에 한 달이 지났을 때 모유 유축기를 사용할 때 소음이 많이 나고, 장치도 너무 커서 사용을 그만두었다. 그리고 나는 가끔씩은 직접 수유를 할 수 있다는 것을 알았다. 둘째 아이에게 젖을 줄 때는 아침에 한 번 모유를 수유하고, 낮 동안 일할 때(오전 8:30~오후 5:00)는 점심시간에 한 번 수유를 하고, 퇴근해서 저녁에 한 번 수유를 했다. 둘째 아이는 낮에는 이유식을 먹었지만, 시간이 되면 모유 수유를 했다. 나는 이 방식을 둘째와 셋째 아이에게 적용했다. 나는 이런 방식으로 키운 둘째와 셋째가 첫째 아이보다 어린이집에서 생활할 때 첫째 아이보다 병에 걸리는 횟수가 적다는 것을 알 수 있었다.

2. **출장**: 아이가 6개월보다 어릴 때는 가능하면 출장을 가지 마라. 내 아이들 3명은 비교적 규칙적으로 밤에 잘 자거나, 밤에 한 번 정도 깨곤 했는데 그래도 바로 잠들곤 했다. 하지만 잠을 못 자서 몰골이 말이 아닌 상태에서의 출장은 고역이다.

3. **운동**: 아무리 짧은 시간이라도, 운동을 하도록 하라. 나는 집에 돌아오면 아이를 아기띠로 안고 함께 동네를 산책했다. 나와 아이는 함께 품안에서 접촉하는 것을 좋아했기 때문에 나는 약간의 운동 효과를 보았다. 동네를 산책한 후에 저녁 식사를 했기 때문에 아이는 바로 잠들지는 않았다.

4. **어른들만의 시간**: 직장에서 집으로 돌아와서 아이에게만 신경을 쓰지 말고 배우자에게도 신경을 써라. 아이를 낳고 새로운 일정에 한 달 정도 적응된 후에는 부부 두 사람만의 시간을 만들어라.

5. **비상 계획**: 나는 직장에서 일을 하거나, 고객을 만나고 있을 때 항상 급한 연락(아이가 열이 있다거나, 급히 가야 하는 일)을 받았다. 이 경우를 대비하여 누가 아이를 데리러 갈지 배우자와 미리 의논하거나, 다른 사람을 미리 알아보고 구해 놓아라.

아이들도 당신의 경력에 도움이 된다

아이가 생기면 아버지의 수입이 증가한다는 것은 잘 알려진 사실이다. 미국 매사추세츠 대학의 연구원 미셸 버디그가 '아버지의 보너스'라고 명명한 이것은 아이가 생겼을 때 평균 급여가 6퍼센트 정도 증가한다는 것이다. 하지만, 여성의 경우에는 아이가 생길수록 아이 한 명당 4퍼센트 정도로 평균 급여가 감소한다고 알려져 있다. 이런 '아버지 보너스'는 백인이면서 전문직에 종사하는 남성의 경우에만 해당한다. 엄마가 되면서 받는 '보너스 감소' 즉 불이익은 특히 저임금의 여성에게 해당된다. 이런 현상에 대한 연구 결과는 부분적으로 집에서의 노동 분업에 기인한다고 추측한다. 왜냐하면 아이가 늘수록 여성은 아이를 돌보고 집안일을 하는 데 시간을 더 많이 사용하기 때문이다. 반대로, 남성의 경우에는 아이들 수와 관계없이 아이들과 보내는 시간이 일정하기 때문이다. 즉 아이가 많을수록 남성은 각각의 아이에게 사용하는 시간이 줄어든다.

남성과 여성의 급여 차이는 앞에서 언급을 했다. 왜냐하면 여성은 집안일이나 아이를 돌보는 데 시간을 많이 사용하기 때문이다. 만일 당신이 당신의 배우자와 집안일에 소비하는 시간을 공평하게 나누거나, 앞서 언급한 PEACE 방법을 적용한다면, 급여를 더 많이 받을 수 있다.

급여를 고려하지 않고도, 부모가 되는 것은 놀랍고도 의도하지 않은 결과를 가져온다. 앞에서도 언급했듯이 성장은 우리가 안락한 지역에서 벗어날 때 시작된다고 했다. 우리가 아이들을 돌보고 부모

역할을 하는 것이 우리를 성장하게 만든다는 것을 우리는 잘 생각하지 못한다. 부모 노릇을 하는 것은 새로운 것을 배우는 것이라는 접근 방식을 통해서 우리는 아이를 기르는 것이 자신의 경력에도 도움이 된다는 것을 알게 될 것이다.

1. **우선순위의 명확성**: 아이를 기르면 당신은 자신의 우선순위를 더욱 명확히 하고, 나아가 그것에 더욱 몰두하게 된다. 자신의 우선순위를 갖는 것은 자신의 경계를 더욱 바람직하게 하고, 궁극적으로는 행복하고 생산적인 삶을 이끌어낸다. 대부분의 사람들은—특히 나처럼 어렸을 때부터 사회의 관습에 의하여 사람들을 즐겁게 해야 한다고 교육 받아온— 일에서 바람직하지 못한 경계를 가지고 일하고 있다. 우리는 직장에서 어떤 부정적인 의미가 아닌 개념으로 '아니요'라고 말할 수 있어야 한다. 예를 들면, 어떤 사람이 당신이 바쁘게 일하고 있는 프로젝트에 새로운 프로젝트를 추가하라고 요구하면, 당신은 다음과 같이 말할 수 있다. "나는 새로운 프로젝트에 흥미는 있지만, 현재 너무 일이 많아서 새로운 프로젝트를 할 수가 없습니다. 만일 내가 하고 있는 일을 후순위로 미루거나, 다른 사람에게 위임을 해주면, 기꺼이 새로운 프로젝트에 참여하겠습니다."

아이를 우선순위에 두면서, 당신은 많은 것들에 대하여 결과를 고려하지 않고도 '네'라고 할 수 있는 능력이 있다. 그것은 당신이 저녁 시간에 늦거나 중요한 운동 경기에 빠지는 것이든 상관이 없다. 아이들의 존재는 당신으로 하여금 당신이 하는 모든 일의 우선순위를 결정하게 만든다. 만일 중요한 일이 아니라면, 신경 쓰지 마라. 만일 다른 사람이 할 수 있는 일이라면 그에게 위임하라. 만일 중요한 일이고, 당신이 반드시 해야 한다면, 일정표에 기록하여 반드시 하라.

2. **조직적인 수퍼파워**: 필요에 의해서 아이들이 관련되는 때 조직적인 기술은 엄청난 정도로 향상된다. 세상에는 부모와 아이들이 이른 아침에 무엇을 얻으려고 함께 노력하는 광경보다 더 멋진 광경은 없다. 당신은 아이들과 어떤 일을 할 때 모든 것을 미리 계획을 세우고, 그것들은 다시 작은 과제로 나누어서 쉽게 완수할 수 있도록 조직적으로 구성하는 능력이 타고난 것처럼 보인다. 우리 가정의 저녁 시간 또한 조직적인 모습을 보여준다. 내일 학교에 가지고 갈 도시락과 책가방을 미리 준비하고, 내일 입을 옷을 미리 꺼내놓고 침대로 간다.

일과 집안일을 함께하는 부모들은 조직적인 능력이 매우 강하다는 점을 증명해 보인다. 이것은 직장에서 여러 가지 프로젝트를 한 번에 처리하고 적은 자료를 갖고도 빠른 결정을 내리는 것으로 해석할 수 있다. 물론 아이가 없는 사람들이 조직력이 부족하거나 결정이 느리다는 이야기는 아니다. 오히려 이것은 조직력은 다른 것에 비해 쉽게 발전시킬 수 있는 기술이라는 점이다. 부모 노릇을 하는 것은 끊임없는 실천을 필요로 하고, 어떤 기술을 끊임없이 실천하는 사람은 그렇지 않은 사람에 비하여 그 기술을 재빨리 향상시킨다.

3. 자기수양: 당신 집에 아이들이 있다면, 당신이 좋은 습관을 쌓는 데 도움이 됨으로써 자기 수양을 발전시킨다. 만일 당신의 아이들이 좋은 습관을 갖기를 바란다면, 그들에게는 좋은 습관을 보여주는 부모가 필요하다. 만일 당신의 아이들이 주말에 하루 종일 TV 앞에 앉아 있거나, 탄산음료를 과도하게 먹거나, 매일 저녁 피자를 먹는 것을 원치 않는다면, 부모 또한 그러지 말아야 한다(내가 둘째 아이와 셋째 아이를 가진 시기에 체중을 3킬로그램이나 감량했다는 것을 기억하나요?).

4. 감성 지성 확장: 아이들이 생기면 당신의 감성 지성은 향상된다. 세 살짜리 어린아이가 울고불고 할 때 "조용히 해"라고 말하는 것이 얼마나 소용없는 일인지를 깨달을 때(이런 경우에 어른들도 마찬가지다) 당신의 공감능력은 발전된다. 많은 여성들은 오랫동안 잊고 지냈던 협상 기술이 아이들과 논쟁을 할 때 힘이 된다는 것을 발견한다. 개인적인 수준에서, 나의 참을성과 까다로운 고객을 인내하는 것과, 까다로운 사람을 견디는 것은 매우 효과적이 되었다. 왜냐하면 아이들과 매일매일 씨름하면서 "참는 근육"이 길러졌기 때문이다. 이런 기술은 어떤 것을 참을성 있게 다섯 번이나 설명하거나, 매우 명확하게 아이들에게 설명하거나, 또는 당신에게 누군가가 소리를 지르거나 울거나 할 때에도 평정심을 유지하면서 발전되었다. 이런 기술들은 대부분의 직장 환경에서 매우 유용하다.

5. 인맥 확장: 아이가 생기면 당신의 인맥은 엄청나게 확장된다. 아이가 생기기 전에 나는 오랜 친구들과 많은 시간을 보냈다. 따라서 그 관계는 매우 깊었다. 하지만 인맥의 범위는 좁았다. 그런데 아이가 생긴 후에 어린이집, 학교, 무용학원, 수영학원, 테니스학원의 아이들 친구 부모들과 인맥을 쌓을 수가 있었다. 그 사람들과의 만남에서 많은 아이디어를 얻었다. 아이가 없었으면 만나지 못했을 사람들과의 교제로 인하여 나는 더 넓은 세상을 만날 수 있었다.

○

요점

∞

8장에서, 우리는 구경꾼의 관점에서 일과 가정의 균형을 배웠다. 당신은 여성 공학자로서 삶의 우선순위를 세우고, 당신을 지원하는 사람들을 확보함으로써 일과 직업적 경력 두 가지를 잘할 수 있다는 것을 배웠다. 당신은 여성과 남성 간의 급여 차이가 존재하고, 아이가 있는 엄마의 급여가 적어지는 이유를 알았다. 또한 그런 급여 차이는 'PEACE' 방법을 적용하여 집안일을 균등하고 합리적으로 나눔으로써 최소화할 수 있다는 점을 배웠다. 임신과 출산, 그리고 회사 복귀를 어떻게 해야 하는지도 배웠다. 마지막으로, 당신은 아이가 생김으로 해서 당신이 더욱 조직적이고, 자기 수양에 도움이 되고 인맥이 넓어지는 장점이 있다는 것 또한 알게 되었다.

더 고민하기

1. **가족회의**: 비록 당신이 아이가 아직 없다고 해도, 이번 주에 가족회의를 해보고 어떤 느낌이 드는지 보라.

2. **연월차 사용**: 직장의 연월차 규정을 공부해서 잘 활용하라.

3. **지원 시스템**: 현재 당신을 지원하고 있는 사람들을 파악하라. 현재 사람들로 충분한지 아니면 새로운 친구가 필요한지 생각하라. 만일 당신을 도와줄 수 있는 사람이 조금 더 필요하다면, 이번 주 가족 모임에 그 사람을 초대하라.

나가는 말

자신의 인생 항로를 그려라

이제는 당신 차례이다. 이제는 당신이 자신의 경력을 돌보고, 자신이 꿈꾸던 삶을 살아갈 시간이다. 이 책은 당신에게 꿈을 이룰 수 있는 도구를 제공했다. 이런 도구를 연구하고, 실천하고, 응용하는 것은 당신에게 달려 있다.

1장에서 우리는 리더의 마음가짐과 전략을 배웠다. 당신은 자신의 강점과 가치를 어떻게 결정할지 배웠다. 당신은 자신이 바라는 성공을 상상해 보았고, 여성 공학자로 성공하는 데 숨겨진 비밀을 배웠다.

2장에서 당신은 어떻게 직업적 전문가가 되는지를 배웠고, 1장에서 정의한 자신만의 성공을 달성하기 위한 선택들을 알 수 있었다. 전문가는 자신의 지식을 끊임없이 확장하고, 다른 사람과 지식을 공유하고, 성장의 기회를 찾는 사람이라는 것을 배웠다. 당신은 모든 사람이 '가면증후군'을 겪고 있다는 것을 알았고, 내부의 비평을 잠재우고 자신감을 가질 수 있는 도구들을 발견했다. 또한 당신은 자신의 멘토를 찾는 것의 중요성도 알게 되었다.

3장에서 공학 리더는 뛰어난 소통능력을 가지고 있다는 사실을 배웠다. 경청, 긍정적 사고, 그리고 평정심이야말로 가장 중요한 소통의 자질이라는 것을 배웠다. 당신은 이러한 기술을 발전시킬 수 있는 실천 방안을 배웠고, 이로 인하여 남보다 빨리 승진하고, 급여를 더 많이 받고, 자신이 원하는 프로젝트를 고를 수 있는 힘을 얻게 된다.

4장에서 당신은 3장에서 배운 내용을 가지고 어떻게 리더십 소통 마음가짐에 적용하는지 배웠다. 이것은 기술 문서, 발표하기와 같은 특정한 공학 일에 적합한 방법을 제공하는데, 이를 통하여 자신의 전문적 메시지를 일반인들에게 정확히 전달하는 데 주안점을 둔다. 소통 기술은 당신 주위의 사람들에게 신뢰를 주고, 리더로 성장하는 데 필수적인 것이다.

5장에서 당신은 회의나 인맥 관리에서 앞서 배운 내용들이 어떻게 활용되는지를 배웠다. 당신은 자신을 잘 표현하는 방법을 배웠고, 긍정적 방식으로 일하는 것을 배웠고, 가면증후군을 벗어나는 방법을 배웠다. 당신 자신의 성격에 적합한 인맥 관리를 함으로써 어떻게 자신의 영향력을 증대시키는지를 배웠다.

6장에서 당신은 어떻게 자신이 꿈꾸던 직장을 찾는지에 대하여 배웠다. 당신은 자신의 가치와 직장 고용주의 가치를 일치하는 것의 중요성을 배웠다. 당신은 어떻게 이력서를 작성하고, 면접을 준비하고, 협상하는지도 배웠다. 또 지나친 근무 시간의 연장은 생산성을 떨어뜨린다는 사실도 알게 되었다. 또한 직장에서 일의 만족도를 높이기 위해서 일의 가공을 활용하는 것도 배웠다.

7장에서 우리는 공학 직업에서 성별에 따른 편견에 대한 잘못된 내용과 사실을 다루었다. 당신이 성공하는 데 가장 중요한 지표는 가장 강력한 지원 시스템을 갖는 것이라는 것을 배웠고, 지원 시스템은 가족, 친구, 직장동료, 멘토들이다. 편견은 실재적이고 종종 무의식적으로 나타나며, 우리 모두는 편견을 가지고 있다는 것을 배웠다. 나는 스스로가 15년간 공학자로 일하면서 그런 편견과 맞서 싸우는 데 성공적으로 활용했던 도구들을 당신과 공유했다.

8장에서 성공적인 공학자로 경력을 쌓으면서 어떻게 일과 가정을 잘 꾸리는 것에 대하여 배웠다. 성별에 따른 급여의 차이가 존재하고, 엄마가 되면 급여가 줄어든다는 사실도 배웠다. 또한 그 차이를 줄일 수 있는 방안도 배웠다. 당신은 'PEACE'와 같이 집안일을 균등하게 담당하는 방법과 같은 지원 시스템의 중요성을 알게 되었다. 또한 임신과 출산, 그리고 직장 복귀에서의 기본적인 사항에 대하여도 배웠다. 또한 아이를 가짐으로 해서 당신의 인맥이 확장되고 생산성이 증대되는 사실도 배웠다.

만일 당신이 이 책에서 언급한 원리들을 잘 활용한다면, 당신이 꿈꾸던 공학적 경력은 빨리 달성될 것이다. 당신 자신의 몸값을 높일 수 있고, 직장과 자신의 전문 영역에서 자신의 영향력을 증가시킬 수 있을 것이다. 나는 당신이 여성 공학자로 개척가 같은 모습을 계속 추구하는 모습에 매우 행복할 것이다.

독자들에게

이 책을 읽어주셔서 감사합니다. 나는 당신이 이 책에서 많은 것을 얻기를 바랍니다. 당신이 이 책의 내용들을 잘 실천하여 자신의 경력을 발전시키길 희망합니다. 만일 이 책이 당신에게 도움이 되었다면, 그것을 다른 사람들과도 공유하기 바랍니다. 만일 이 책에서 배운 것을 실천하는 데 도움이 필요하거나 나와 논의하고 싶은 내용이 있으면 연락을 주세요. (stephanie@engineersrising.com)

감사의 말

이 책을 쓰는 데 많은 사람들이 나를 도와주었다. 좀 더 나은 책을 쓸 수 있도록 유용한 피드백을 많이 주었다. 이 책이 출간하는 데 도움을 주신 모두에게 감사를 전한다.

나의 남편 제이슨

당신의 격려에 감사드립니다. 자유 시간이 없다고 투덜대던 내가 책을 쓰겠다고 했을 때 나를 미친 사람 취급하지 않아서 고마워요. 내가 책을 쓸 때, 아이를 학교와 집으로 태워주고, 빨래를 하고, 집안일을 해줘서 고마워요. 당신이 없었다면 이 책을 불가능했어요.

나의 부모님 팀과 린

평생 나에게 인생의 교훈을 가르쳐 주시고, 내가 공학자의 길을 걷고, 이 책을 쓰는 데 자신감을 심어주셔서 감사드립니다. 부모님은 나에게 마음을 잡고, 열심히 일할 의지만 있다면 불가능은 없다고 가르쳐 주셨습니다.

자립적 도서 출간 학교

전문작가도 아니고, 게다가 공학자인 내가 이 책을 쓸 수 있도록 단계별로 나를 이끌어 준 챈들러 볼트 씨에게 감사드립니다. 온라인 지원을 통하여 도움을 주신 자립적 도서 출간 학교의 센 섬녀와 그외 직원분들께 감사드립니다. 이 학교는 모든 것을 진정으로 도와주고, 격려하는 가장 훌륭한 사이버 공동체 중의 하나일 것입니다. 그곳의 모든 사람들은 피드백과 지원을 해주고 있습니다. 당신들 덕분에 나는 이 책을 쓰면서 엄청난 시간을 절약할 수 있었습니다. 감사합니다.

직장 동료들

직장일로 바쁜 와중에도 시간을 내어서 나에게 좋은 메시지를 주어서 감사합니다. 당신의 피드백과 경험담은 매우 소중했습니다. 이 책의 성공은 당신들 덕분입니다.

옮긴이의 말

이 책은 '여성 공학자'를 위한 책이다. 직장과 집이라는 두 개의 전쟁터에서 고군분투하고 있는 여성 공학자들이 일과 가정 모두에서 성공하기를 바라는 작가의 마음을 담아서 자신의 경험과 과학적 통계를 바탕으로 서술한 책이다.

공학 분야에서 여성 공학자의 수는 날마다 증가하고 있고 또 여성 공학자의 특성을 잘 살릴 수 있는 분야가 새롭게 만들어지고, 확장하고 있는 시점에서, 여성 공학자의 성공은 개인의 성공뿐만 아니라 사회적으로도 매우 유용하고 바람직하다. 특히 우리나라와 같이 중화학 및 IT 산업을 바탕으로 기술력에 의한 경쟁력 강화가 국가의 부를 가져오는 구조에서 여성 공학자의 역할은 점점 중요하다.

따라서 이런 시점에서 이 책은 우리에게 중요한 시사점을 주고 있다. 왜 여성 공학자는 직장을 일찍 떠나는가? 사실 여성 공학자든 남성 공학자든 한 국가의 경제적 부에 기여하는 소중한 인력이 경력을 중단하는 것은 개인으로나 국가적으로나 큰 손실이 아닐 수 없다. 이 책은 여성 공학자들이 일과 가정이라는 두 마리 토끼를 잘 다룰 수 있는 유용한 조언들로 가득하다.

하지만, 사실 이 책을 꼭 읽어야 할 사람은 바로 남성 공학자들이다. 이 책을 관통하는 핵심은 여성 공학자에 대한 편견과 선입견이다. 즉 여성 공학자들을 불편하게 만드는 남성 위주의 직장 문화가 그 배경에 있다. 남성과 대등한 능력을 가진 여성 공학자들이 자신의 일터에서 능력을 충분히 발휘하기 위해서는 여성에 대한 남성 공학자의 이해가 무엇보다 절실하다. 자신과 함께 일하는 여성들의 고유한 특성을 이해하고, 여성 공학자들의 재능을 마음껏 발휘할 수 있도록 하는 것은 어쩌면 남성 공학자의 몫인지도 모른다.

우리는 편견에 둘러싸여 살면서도 종종 자신에게 편견이 있다는 사실을 종종 잊고 산다. 좋은 책을 읽는다고 좋은 사람이 되지는 않는다. 하지만 좋은 책은 잠시나마 나를 돌아보고, 자신을 살펴볼 수 있는 기회를 준다. 이 책은 나에게도 편견이라는 문제에 대해 깊게 성찰할 수 있는 기회를 제공해 주었다. 소크라테스는 "성찰되지 않는 삶은 의미가 없다"고 말한 바 있다.

마지막으로 어려운 여건 속에서도 힘겹게 일과 가정에서 최선을 다하고 있는 이 땅의 여성 공학자들에게 이 책을 바친다.

한귀영

SHE ENGINEERS

여성 공학자로 산다는 것

1판 1쇄 인쇄 2019년 11월 10일
1판 1쇄 발행 2019년 11월 20일

지은이   스테파니 슬로컴
옮긴이   한귀영
펴낸이   신동렬
책임편집   구남희
편집   현상철 · 신철호
디자인   심심거리프레스
마케팅   박정수 · 김지현

펴낸곳   성균관대학교 출판부
등록   1975년 5월 21일 제1975-9호
주소   03063 서울특별시 종로구 성균관로 25-2
전화   02)760-1253~4
팩스   02)760-7452
홈페이지   http://press.skku.edu

ISBN 979-11-5550-348-5 03500